# 天然低温发酵面包

张艳辉 译

長時間発酵のパンづくり

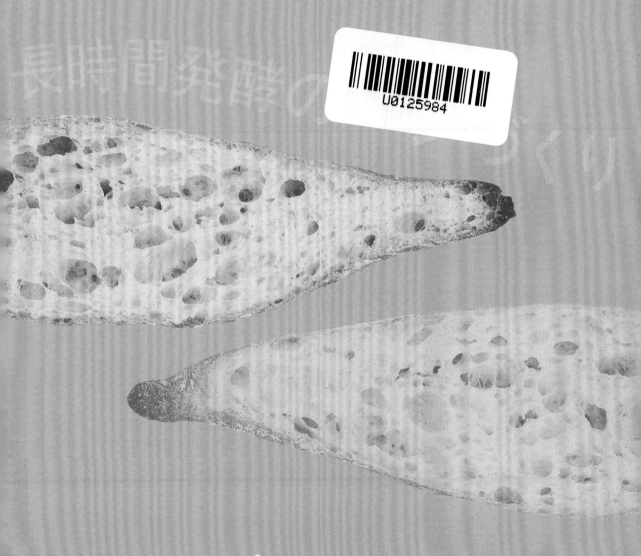

中国轻工业出版社

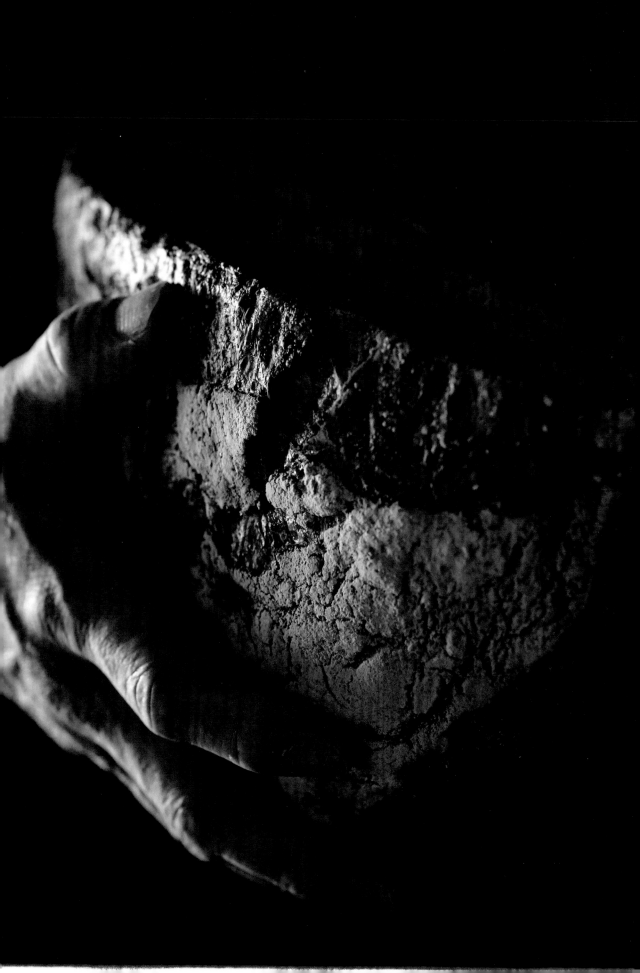

# 前 言

　　我原本就喜欢读书，特别是与面包相关的书。读得多了，自己也想写本书。写这本书的时候，我将我们在"Pain Stock（日本福风县人气面包店）"制作的面包及自己作为面包师的心路历程记录其中。"Pain Stock"开张至今，一晃已经十三年了。在这十三年里，我遇见过形形色色的人。有些时候灵光一现，能够想出新食材、新方法，有些时候会为烘焙不出自己想要的口味感到苦恼。不知不觉中，面包店和面包都在不断变化、发展。而且，每个面包都是一份回忆。一起烘焙面包的人，以及制作面包时的各种细节都已刻印到脑海之中。对我来说，烘焙面包的过程犹如人生。所以，这本书也像是在记录我的人生。如果您喜欢焙烘，阅读本书后希望都能产生共鸣，并从中感受到乐趣。

Pain Stock 平山哲生

开业当初的店门口，手写的路标至今仍立在同一位置。

# "Pain Stock"的开店宗旨：使用真材实料，认真对待每一个面包

## 在新店寻址的路上

2010年7月，"Pain Stock"在日本福冈市内的住宅区的"箱崎"开业。本店距离JR鹿儿岛本线的箱崎站步行约10分钟，与主干道隔开，位于安静的地方。

开业之前确定店址时，并没有选定在闹市区，反而是这里的许多绿色植物及古建筑更吸引人。这里的历史底蕴及寂静的环境正合心意，而且附近就是九州大学，四处洋溢着积极向上、生机勃勃的气息。

有了独立开店的念头之后，我下定决心一辈子做个面包师。并带着这样的愿望开设了"Pain Stock"。周围白天也没有太多行人，但总会有全国各地的游客慕名而来。

本店的招牌商品就是自然发酵的黑麦面包"Pain Stock（店名同款）"。在东京也不容易买到的黑麦面包，居然能够在小城市的偏僻地方吃到，这会是一种怎样的奇妙感受？如果能够端到每位客人的餐桌上，让孩子们吃个够，真的是件让人很欣慰的事。虽然只是想象，却十分有意思。小的时候吃过店里面包的孩子们长大之后来到东京甚至巴黎等其他城市，或许有一天他们会发出这样的感叹："就是这个味道，同小时候在家附近的面包店里吃到的一样！"

虽说如此，当初还是破釜沉舟似的独立开业，但刚开始销量一直不好，储备金也快用完，感觉就快倒闭了！但是，想着应该还能做些什么，我就开始免费分发每天卖不掉的面包。附近的小超市、快餐店、咖啡馆等，能够想到的地方都送过。

入口正面的陈列台上摆放的黑麦面包"Pain Stock"。烘焙方法不断升级改进，但这张照片中的场景至今仍然保持开业当初的状态。

店前朝向西南的窗户兼顾光照及通风，还种着各式各样的植物。当初移栽树龄240年的橄榄树时，还动用了起重车。

如今，植物都快覆盖整个店面。对我来说，这些植物的成长也都见证着面包店的成长历史。

那时候，派送面包已成为我每天工作的一部分，现在想想还是有点心酸。不过在那之后，随着杂志及电视的宣传，客人也多了起来。那种心里有块大石头总算落地的感觉，让我记忆犹新。

开业第二年，许多媒体慕名来采访，"明太子法式面包"不知不觉成为本店的招牌，我每天也要做很多这款面包保证供应。难得的是，原本每天19点店铺关门，但不到15点面包就卖光了。

现在，店里的员工也增多了，产量也大大提升。随着发展，店铺的经营状态及面包的制作方法也在不断升级、改进，但烘焙面包的本心未变。地道、认真、专业，真材实料，毫无怠慢。而且，还要继续坚持这种本心。

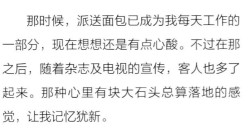

上/开业后约1年的店内状态。当时收银台设置于面包陈列台的中央，第4年为了方便客人选购，将陈列台合并一起，收银台挪到陈列台正对面（照片中远处的入口旁边）。下/目前的店内实景。

## 发现已经沉浸在制作面包中

我为什么成为面包师？这还要从大学毕业后到一家面包店打工说起。当时，我总想做最辛苦的工作。由于喜欢锻炼身体，我就想找到既能赚钱又能活动筋骨的工作。此外，如同我的名字"哲生"一样，我总会胡思乱想："人为什么而活？"我的情绪也容易抑郁。正因如此，为了身心健康，既能放松

紧绷的神经又能耗费体力的工作成了我找工作时的目标。只不过有一个条件，那就是"千万别早起"。我一直以来都是"起床困难户"，对需要早起的工作比较抗拒。

有一天，我看到一家面包店的招聘信息，工作时间为"早上8点开始"，便决定先到这家店实习。不料想，实际情况截然不同，我每天早上5点就得起床，果然世上没有轻松的工作。对我来说，这也是最早的社会历练。

但是，那时的我根本没有打算成为面包师。我原本就对吃的不太感兴趣，服装、建筑、家装等是我最喜欢和感兴趣的。

## 为了学到精湛的技艺

意外的面包店实习工作，却让我在2个月之后被正式录用。于是，我开始逐渐对面包烘焙产生兴趣。我发觉在工作中也会收获乐趣，工作也逐渐变为我生命中不可缺少的一部分。

那时，我很想成为店长那样的人，为了获得店长的认可，我工作也格外努力。我每天都是从早上4点工作到晚上10点，非常辛苦。我的工资也不高，时薪仅为15元（RMB）。所以，我工作的目的不只是为了赚钱或获得荣誉，而是为了实现人生价值。虽然当时很辛苦，也多次都想放弃。当时，相比辛苦，更重要的是培养出能够战胜各种困难的精神。最终，这成为我的精神支柱。

# 理想和现实都是面包

左/2014年收银台挪过之后，关店后拍摄的照片。如今，干花已成为店面装饰不可或缺的物品。右/面包店刚营业阶段，3个人负责烘焙，2个人负责售卖。面包店成长期的主要烘焙师傅松冈裕嗣（照片中左侧）和售卖员松冈麻衣（照片中右侧）。至于我，所有岗位的工作都会分担一些。

独立开店之后，我每天只想着如何做出更好的面包，就连自己房间贴着的许多古董摩托海报也换成面包的切面图。白天，结束在面包店的工作之后，回家后也会看着这些面包切面图，我心里不禁感叹：多么漂亮的切面，这些面团竟然能够形成如此美妙的形状。

半年之后，我想更多地了解面包烘焙知识，就去了法国巴黎进行4个月的深造。在"Le Grenier A Pain（正本原，法国老字号手工烘焙店）"学习传统面包制法期间，切身去体会其中的魅力，并找寻自己未来努力的方向。回到日本之后，我住在东京，在几家面包店一共工作过4年左右。而且，我都是在非常著名的面包店学习实践经验，其中包括由我敬仰的志贺胜荣老师当时担任主厨的"Juchheim（日本年轮蛋糕名店）"等。能直接接触到各种面包制作技艺，如同找到了自己实现理想道路上的指向标。

2006年我回到福冈，就职于当地的面包店，并担任店长。由于痴迷于探索面包各种变化的可能性，带着店内所有员工一起尝试各种创新的面团及烘焙方式。

直到有一天店主找我谈话，说道："平山你对面包的喜爱已经到了痴迷的程度了！"这句话我至今都没有忘记，店主实则是在提醒我要更重视面包店的经营效益。

对一家面包店而言，最重要的还是效益，没有收入什么都是空谈。但是，客人们则更关注面包的品质。如果自家店的面包比其他任何店的都要好吃，并使用对身体健康有益的放心食材，再加上能接受的价格，收益自然就会更多。

"明太子法式面包"在开业后几个月诞生，之后始终是最畅销的产品。制作面包的员工如今已增加到7人，我也是其中一员。烘焙出美味面包的喜悦，以前或现在都不曾改变。

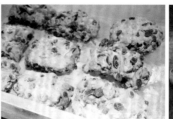

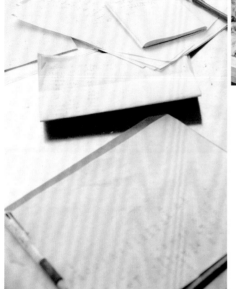

此图为交流会中的一个场景。通常，店内员工都会各自记录面包配方，并汇总在各自的笔记本中。

学徒时代一直敬仰的志贺胜荣先生，我一直都在跟随他学习。现在他还会定期来到店内交流面包制作知识。

店里的每一个面包，并不是"平凡的美味"。让客人们品尝后感到喜悦就是面包店的开店初衷。面包店始终追求的就是面包的品质，成为经营者之后我更是认识到专注面包品质的重要性。

## 基于当下的现状进行思考

我将烘焙面包作为事业已有25年，独立经营也经过10年。2019年，第2家"Stock"在福冈市中心的天神中央公园开业，一起工作的员工也倍增，如今自己的变化我在22年前无论如何也想象不到。我原本就不是提前计划人生的性格，肯定也不会对5年后甚至10年后做出规划。换而言之，我更愿意基于当下的实际情况进行思考。

这种观点，或许适用于制作任何面包。

即便平常生意繁忙，事关员工技能提升的交流会我仍然会认真对待。每位员工都有接触面团制作及成形烘焙的机会。

本书中介绍的配方并不是从指导的角度出发来传授绝对性方法，当然初学者基本都能够完成。但是，书中给出的配方只是基础配方，尝试制作之后试吃，如有不满意就进行微调，第二天重新制作并逐渐找到自己想要的口味。所以，任何配方都是根据许多次失败积累而成的结晶。

## 坚持每天制作面包而"不放弃"的力量

我最初并没想从事面包烘焙行业，如今，我仍然对小麦过敏、仍然厌恶早起，我深知自己并不是很适合这个行业。但是，有一种力量一直在默默鼓励着我，那就是"不放弃"。

面包店的工作单调，每天重复同样的事情，没有太多出彩的情况。每天一分一秒地追赶时间，同样的时间做着同样的事情，日复一日。即便如此，看似完全相同，其实也有微妙的变化。这种微妙的变化也是有喜有忧，并且每天重复。对于大多数人来说，或许坚持不了这种循环往复。但是，我始终不放弃。虽然进步很缓慢，哪怕只有1毫米的提升。但我一直都在朝着顶峰，一步一步前进。

# 每天思考、烦恼，哪怕只有一丁点儿的提升

图为"Pain Stock"的员工、前员工、志贺等。辞职后，有些人独立开店，有些人做了其他工作，但大家的关系仍然很亲密。感谢相遇，感谢为本店的付出。希望5年后甚至10年后，在各地都能结识志同道合的新朋友。

# 目 录
## Contents

2020.2.13
Baguette

## Pain Stock・全系产品

注：有两个页码，左边页码为面包的照片，右边页码为配方。

# 基本技艺

## Column

摄影　川上信也　门司祥

封面及目录插图　平山哲生

设计　藤井由美子　藤井进（藤井设计工作室）

第1章监修　藤本章人（三菱商事生命科学株式会社）

校对　黑木纯

协助编辑　加藤耕平　竹内健太朗

编辑　坂根凉子

## 配方的使用方法

■ "…kg用量"表示开始和面时小麦粉或黑麦粉的总量。并且，液体酵母、汤糊、汤种中使用的面粉不包括在内。

■ 小麦粉均为商品名。本书中使用的小麦粉及其生产厂家、蛋白质含量、无机物含量如下。

　配方中涉及相应面粉时，可替换为其他品牌，仅参照蛋白质含量和无机物含量即可。

- 北方之香（前田农产 / 约12.0% / 约0.60%）
- 北方之香T85（Agrisystem / 12.0%～14.0% / 1.25%～1.45%）
- 北方之香拼配（江别制造粉 / 11.50% / 0.50%）
- 水车印（梅野制粉 / 11.60% / 0.80%）
- 水车印（全麦粉）（梅野制粉 / 11.90% / 1.40%）
- 春丰100%（江别制粉 / 12.00% / 0.44%）
- 春恋·春光拼配（横山制粉 / 11.20%～12.60% / 0.47%以下）
- BIO-T65（法国·Terroire公司 / 9.50%～12.0% / 0.60%）
- PLUM（大阳制粉 / 10.00% / 0.49%）
- 梦力（横山制粉 / 13.30% / 0.42%）
- 梦结（熊本制粉 / 11.10% / 0.44%）

　注：商品名无先后顺序。括号内的内容依次为生产厂家、蛋白质含量、无机物含量。

■ 混合谷物分别使用以下商品。

- 第22页……"Multigrain烘焙五谷"
- "高纤面包"（第76页）……"R寿壳舞半成品"（鸟越制粉）

■ 液体酵母使用以下两种。配料栏中，分别将原酵种的首字母加在末尾，以便区分。

- 葡萄干酵种制成的液体酵母→液体酵母R
- 潘妮朵尼酵种制成的液体酵母→液体酵母P

■ 干酵母均使用即发干酵母（燕牌·红标）。

■ 根据天气及操作流程等，干酵母用量、吸水量、水温、发酵时间有所变化。

■ 手粉根据需要使用。本书中分为两种手粉，一种是分割、成形中使用的高筋粉，另一种是粗全麦粉。

## 工艺表

■ 和面的具体过程通过符号表示。以第23页"Pain Stock"的工艺为例，对符号的含义进行说明。

补充水以外的配料↓ → L6・ML9~10 → 测温 → 加补充水↓↓↓ → L4~5
　　　A　　　　　B C　　D　　　　E　　　　　　　F

A 表示最先放入和面盆中的配料。

　示例中将补充水留下，其余配料放入和面盆中。

　如未明确表述，最开始就将所有配料放入。

B 表示放入配料的动作。

C 表示从一个操作至下一个操作。

D 表示和面机的转速和时间（单位：分）。

　本书中所用和面机的转速可设定2挡转速，L（低速）和ML（中低速）。

　示例中以低速和面6分钟之后，转换成中低速继续和面9~10分钟。

E 测量面团的温度。

　根据温度，调整补充水的温度，以达到预定的和面后温度。

F 是指分多次加入配料。

　箭头的个数表示次数。

　示例中是指分3次加补充水。

■ 根据面粉状态，和面时间有所变化。仔细确认面团的状态，判断配料的添加、加补充水、和面完成时机等。

■ "常温"是指25~30℃。

■ 所用烤箱分为柜式烤箱和对流式烤箱。如烘焙时所需温度分为上火及下火，则使用柜式烤箱，如烘焙时所需温度只有一个，则使用对流式烤箱。但是，面包店中根据具体操作，也可使用不同烤箱。此外，烘焙时间仅为参考，应观察烘焙过程中面包的状态进行调整。

■ 使用柜式烤箱烘焙面包时，根据需要可使烤箱内部在烘烤时有一定的蒸汽含量。

*本书所示配方中配料、工艺均为2020年2月之前内容。

Chapter 1

## "Pain Stock" 的制作方法

# 层次分明的风味，享受每天都有变化的面包制作过程

第1章中，想要给大家介绍本店的招牌面包"Pain Stock"。

这款面包的原型就是我在巴黎"JULIEN"面包店吃过的自制酵种面包。原本我对酵母面包不太感兴趣，认为它"又硬又酸"。但是，JULIEN出售的这种面包不但柔软，而且酸味清淡，这让我对酵母面包的印象大为改观。

并且，JULIEN的法式长棍也广受好评，是一家非常有实力的面包店。虽然面包的形状不太精致，每天的口感会有少许差异。或许这也正是这家面包店的魅力所在，这也令我受到影响。

仔细想想，酵母本身就是生物，始终在变化。"每天保持口感稳定"的经营理念固然要兼顾，但只要面包本身美味可口，每天的变化不也是一种别样享受吗？等到我独立

开店时，这种理念也融入我的面包之中。

我想要的口感就是面包皮酥香，面包芯绵软。并且，小麦、燕麦等回味浓香，葡萄干酵种和天然酵种的清香，所有配料在口中形成层次丰富的口感，都是这种酵母面包的特色所在。

开业5年以来我独自负责下料，每一天都在逐渐尝试各种配料及制作方法，最终形成如今的配方。即使现在其他员工分担了我的工作，我也会每天观察面包的状态，不断调整配方："昨天做的面包不太膨松，今天打面是否再用点力？""烘焙时间够不够？"诸如此类。

从下一页开始，我会对"Pain Stock"的配方及其背景等进行详细说明。制作思路不仅限于这种面包，本书中介绍的所有面包都能借鉴。

# 配方组合方法及工艺的含义

采购（下料12.9kg）

**准备**（小麦粉）
在无涩味的小麦粉中拼配香甜软糯的小麦粉。最后，配上 10% 左右黑麦粉。

PLUM…9200g
北方之香…3000g
黑麦粉…600g
混合谷物粉…100g

盐…256g

**准备**（麦片 & 麦茶）
为了增添麦香口感，加入麦茶。麦片和麦茶均为全粒谷物，既能抑制麸质形成，还有利于改善口感。

黑麦片…700g
热水…1900g
麦茶…130g
热水…260g

汤种（→第28页）…1200g

**淀粉　→第 28 页**
"汤种"就是用热水加热小麦粉，使淀粉糊化制成。糊化的淀粉会给面团增添软糯口感。并且，汤种中所含分解酵素的作用也很重要。

**准备**（干酵母）
即使用量为小麦粉的几千分之一，干酵母也能实现长时间发酵。*
大多将自制酵种和干酵母搭配使用。

天然酵种（→第25页）…160g
葡萄干酵种（→第25页）…100g

**酵母　→第 24 页**
果实或谷物制成的酵种虽然同为"发酵"，但并不是膨胀体积（产生气体），而是用于扩散风味。根据酵种的种类，可调制出不同风味。

干酵母…2.6g
热水（40℃）…260g

\* 通常，小麦粉中所含微生物数量为 10 万个 /g 以内。但是，干酵母中所含酵母菌数量为 10 亿 ~ 100 亿个 /g（主编/藤本章人·以下简称藤本）。

水…8840g

**加水　→第 36 页**
如果刚开始就在吸水率接近 100% 的面团中加入所有水，则面团难以混合均匀。因此，在麸质形成后添加 20% ~ 30% 的水，可有效提升吸水率。

补充水…2210g

成品面团量=28918.6g

## 步骤

**准备**

黑麦片和麦茶浸入热水中，使其易于混入面团。为了充分入味，其他面团中的干果、坚果大多也要事先用水浸泡之后使用。

**准备 Preparation**
· 黑麦片在热水中浸泡7~8小时备用。
· 麦茶放入热水中浸泡7~8小时备用。
· 干酵母用热水溶解备用。

**和面 Mixing**
补充水以外的配料↓→L6·ML9~10→测温→补充水↓↓↓→L4~5
和面后温度为21~23℃
※观察和面后温度和面团的状态，如和面不充分，则L2~3。

**和面 →第34页**
制作面团的第一步，是决定面团特性的工艺。观察温度、麸质强度、水量等，测量和面完成的时机。此外，最后的尝味也很重要。

**一次发酵时间 Floor Time**
常温 45分钟

**打面 Stretch**
朝着正上方拉伸面团。

**打面 →第37页**
确认面团的强度，并调整麸质的手工操作。通过打面，调整"筋道"和"烘焙弹性"。根据需要，有时在发酵后实施。

**POINT（回温）**
发酵过程中，面团大多放在低于常温的环境下。需要将低温的面团恢复至常温，即降低面团温度，麸质的弹力会自然增加，从而方便分割。

**发酵 Bulk Fermentation**
18℃ 湿度70% 一晚

**回温 Warming**
常温 2小时

**分割 Dividing**
1000g

**发酵 →第30&38页**
发酵过程中，酵种等微生物及酵素开始活动，分解消耗蛋白质及淀粉，并生成二氧化碳及香味成分等副产物。为了充分利用这种特性，需要决定发酵温度及时间。

**分割 →第40页**
将面团分切成单个面包大小。尽可能一次性分切，减少对面团的负担。如果不是"Pain Stock"面包，此时麸质的方向应保持到烘焙结束。

**POINT（十字）**
划"十字"之后，面团的表面产生裂纹，烘焙弹性会改善。并且，面团表面划"十字"的位置也是烘焙过程中面团内部生成水蒸气的通道，有利于面包坯均匀受热。

**最终发酵 Final Rise**
常温 2小时

**划痕 Slashing**
划十字 ⊕

**烘焙 Baking**
上火 270℃ 下火 240℃ 45分钟

**最终发酵 →第41页**
"Pain Stock"等水分较多面团的最终发酵是为了使分割之后收缩的麸质变得"松弛"，而不是为了"膨胀"。松弛之后烘焙，产生烘焙弹性。

**烘焙 →第42页**
"Pain Stock"等垂直方向产生烘焙弹性的面团使用柜式烤箱烘焙，用大功率加热。如果需要受热均匀，则使用对流式烤箱。

## 发酵过程中的核心力量，根据面包种类区分使用。

制作面包时，面团发酵过程中必不可少的就是"酵母（英文：yeas或leaven）"。

酿酒酵母（Saccharomyces cerevisiae）是比较有代表性的酵母菌种。这类酵母的发酵原理是利用自身或小麦粉或麦芽中所含分解酶，摄取从蛋白质及淀粉工作分解的糖分及氨基酸，排出新物质的同时生成的微生物。

最终，面团中产生二氧化碳气体，面团得以膨胀。其次，淀粉分解成麦芽糖及葡萄糖，蛋白质分解成氨基酸等，产生各种口感，使面团酝酿出发酵前并未存在的甜味、鲜味、苦味、香味等。换言之，面包发酵多亏了各种微生物的生命活动。

并且，通常作为面包烘焙配料售卖的"干酵母"是酿酒酵母经过高密度培养之后，通过冷藏、干燥等加工提升保存性，在确保稳定品质的状态下便于流通，使用的酵母本质也是微生物。

此外，同酵母一样深刻影响面包发酵的"乳酸菌"虽然同是微生物，但"酵母"为真菌类，"乳酸菌"为细菌类（英文：bacteria）。

自制的葡萄干酵种或天然酵种中也有乳酸菌活动，所以从微生物学方面考虑，自制酵种并不只是指"酵母"，而是包含"细菌"在内多种微生物的集合体。相比单一酵母的干酵母，发酵生成的口感更加复杂且浓厚。

我们店内培养的酵母分为3种，葡萄干酵种、啤酒花酵种、天然酵种。"Pain Stock"的面团中，用到增添细微果香甜味及香味的葡萄干酵种，以及细微酸味的天然酵种，最后加入微量的干酵母。自制酵种的作用就是通过发酵使口味丰富。稳定膨胀（碳酸气体）需要借助干酵母的力量，所以许多面团中使用这种自制酵种+干酵母的组合。

此外，有的面团只加入微量的干酵母使其发酵，凸显小麦粉及牛奶等配料的风味。并不是刻意强调"使用自制酵母"，关键在于根据各种面包的特性，使面包更加美味。

## 葡萄干酵种

### 带有细微果香甜味的常用酵种

　　属于最常用的自制酵种，Pain Stock也有使用葡萄干酵种进行续种。葡萄干放入瓶子中，再加入完全浸没葡萄干的热水，混入总量2%的原酵种之后放置一晚之后，逐渐冒出气泡。尝味道，如有细微的甜味及红酒果香味则表示发酵完成。直接加入面团中，也可放入液体酵母（→第26页）。

## 啤酒花酵种

### 用啤酒花制成的清爽苦味及浓郁香味的酵种

　　啤酒花、米曲等酿酒原料作为酵母营养源，加入捣碎的苹果及土豆发酵而成的啤酒花酵种。发酵完成的酵种中，含有啤酒的清爽苦味，以及浓郁的酒香。Pain Stock的自制酵母发酵力强，是可单独膨胀面包的酵母。但是，如果发酵过度，会导致苦味浓烈*，发酵完成的难度较高。

* 日本酒及酒种中所用米曲的淀粉酶比其他配料的分解活性强，所以小麦粉及土豆的淀粉易于分解，适合用于酵母中。并且，淀粉的分解和发酵同时进行，所以容易在短时间内消耗糖分，发酵变得难以控制。此外，发酵过度会减少糖分，用它做出的面包也会变得微甜、略苦。（藤本）

## 天然酵种

### 每日添加黑麦粉配制的乳酸菌酵种可通过发酵程度微调酸味

　　这款是朋友赠送的天然酵种，我在每天续种时都小心使用。续种时，将原酵种和黑麦粉及水的等量混合物按1∶1混合之后，常温条件下放置几小时。第24页为发酵完成的天然酵母的侧视图，酵种中产生的二氧化碳形成小气泡。尝味时，可充分感受到清爽酸味。

液体酵母

## 葡萄干酵种制成的液体酵母

### 北方之香和葡萄干酵种的酸甜爽口之感

"北方之香"中混入1.5倍的水，再添加4%的葡萄干酵种使其发酵。常温条件下发酵几小时，感觉发酵即将完成时多次尝味，在最佳时间转移至冰箱中。在发酵后含葡萄干酵种的果香味中加入小麦粉发酵产生的鲜味、谷物甜味、清爽酸味，综合形成酸奶口感。以"布里欧修面包（第110页）"为例，由于是加入液体酵母（小麦粉总量的40%）的面团，液体酵母本身的美味口感得到凸显，再用口感浓醇的小麦粉、北方之香下料。

### 潘妮朵尼酵种制成的液体酵母

#### 天然酵种制成的液体酵母加入全麦粉或黑麦粉面包中

最早使用成品的潘妮朵尼酵种（制作意大利传统发酵点心"潘妮朵尼"所需酵母），之后使用续原酵种的液体酵母。使用灰分含量高的小麦粉"水车印"（石臼研磨南方之香）下料，颜色呈浅褐色且带少许酸味，不仅能够降低酸碱度，酶的活性也强烈。使用这种液体酵母，适合制作全麦粉面包或黑麦面包等，可实现入口即化的口感。

液体酵母（法语：levain liquide）是指在小麦粉或黑麦粉中加入等量以上水分之后发酵而成的黏稠酵种，也称之为"液种"。

使用事先发酵的液体酵母，经过2个阶段的发酵，面团就会增添更加浓醇的发酵风味，这就是液体酵母的优点。

但是，我使用液体酵母最重要的原因就是为了降低面团酸碱度[1]。食品的酸碱度值高则呈碱性，反之则呈酸性。

发酵完成的液体酵母中不只有酵母，还有许多乳酸菌在活动，生成乳酸，从而带有酸奶的酸味。如同将肉放入酸奶中浸泡一段时间后会变软一样，在酸碱度较低的环境下能够使蛋白质软化。

也就是说，将液体酵母加入面团之中，使面团的酸碱度降低。并且，面团内的蛋白质（麸质）软化，面包的烘焙弹性良好，烘焙好的面包更加适口。对我来说，液体酵母就是自制的面团改良剂。

也有仅加入小麦粉或黑麦粉及水（再加入微量的干酵母）的液体酵母配方。我使用的液体酵母有两种，一种是第25页介绍的使用葡萄干酵种每天重新调制，另一种是潘妮朵尼酵种制成之后用石臼研磨粉续种。

其中，低糖油面团和高糖油面团较多使用的就是葡萄干酵种的液体酵母。每天重新制作，不产生涩味，面团还带有新鲜的发酵风味。

*1 表示酸碱度的数值，即 pH 值。pH 为 1 ~ 14，数值小则呈酸性，数值大则呈碱性，pH7 为中性。
*2 液体酵母中含有乳酸及醋酸，这些成分导致麸质处于酸碱度较低环境时，形成麸质的蛋白质结合变弱，蛋白质的一部分出现可溶性（水合），使麸质的物性变软。（藤本）

液体酵母就是自制面团改良剂，
使用液体酵母制作的面包入口即化，口感醇香。

## 淀粉

　　小麦粉并不直接用于面团中，而是事先用热水煮，或者同热水一起揉搓，使淀粉糊化之后混入面团。通常，这种制作面包的方法称作"汤种法"。

　　Pain Stock中，根据面粉中添加水分的比例，分别称之为"汤糊"或"汤种"等。制作汤种、汤糊的好处在于可提高面团的保湿性，增加吸水量。面团也会变得润爽、软糯、口感增加，并且可延长存放时间。

　　此外，淀粉会阻碍麸质形成，影响面包成形。如面团中使用淀粉，与麸质起到重要作用的面包口感会不同，需要在"使口感变得轻盈"方面下功夫。在各种面包的介绍中会有详细说明。

　　在这些淀粉中，"Pain Stock"所用的就是"汤糊"。这种汤糊就是在石臼研磨小麦粉中添加5倍的水，并加热至65℃制成。其黏稠感表现为"糊"，与使用100℃热水揉搓而成的软糯"汤种"区分使用。口感及质地自然有所区别，但最大的不同之处就是"酶"是否发挥作用。酶有很多种，但我认为在制作面包中最为重要的就是两种：分解蛋白质的"蛋白酶"和分解淀粉的"淀粉酶"。汤糊的温度控制在65℃以内，其中所含蛋白酶及淀粉酶继续保持活性。[*1]

　　面团揉好后，在发酵过程中，蛋白酶分解蛋白质变成氨基酸，淀粉酶分解淀粉变成麦芽糖及葡萄糖，产生发酵前并未有的甜味及鲜味。

　　酶会在第32页进行详细说明。感兴趣的读者可供参考。

### 汤糊

**石臼研磨粉制作的柔滑面糊**

　　"水车印"面粉中加入5倍的水，开火边加热（控制在65℃以内）边搅拌。舀起后倒回时，面糊为连续状即可，质地柔滑。吃的时候能尝到微微甜味。

### 汤种

**根据面团使用各种面粉制作的软糯酵种**

　　"汤种"是指在小麦粉中加入2倍的热水，充分揉搓制成。根据白小麦粉、全麦粉等各种面团，制作各种汤种。加入汤种的面团容易变重，需要通过其他配料及制法调整口感。

*1 蛋白酶及淀粉酶等酶的种类较多，根据小麦粉、果实、麦芽、微生物等酵素源、酸碱度、温度等环境，使酵素作用活跃的条件多种多样。但是，除部分酵素以外，大多数酶在超过80℃以上条件下就会失去活性，无法发挥作用。通过将汤糊的温度控制在65℃以内，使酵素发挥作用。（藤本）

## 可使面团变得黏稠、软糯的淀粉，根据黏性及酶作用区分使用

### 米糊

**高淀粉酶米粉调制的软糯汤糊**

为"日本面包（第106页）"特制的软糯口感强烈的汤糊。在米粉中加入6倍的水制成，水的比例高于小麦粉的汤糊。米粉糊的黏性高，面团也会因此变重，尽可能选择"高淀粉酶"的低黏性米粉。

将煮沸的热水加入小麦粉中，趁热充分揉搓制成的"汤种"。

### 土豆泥

**使用土豆泥制作柔滑、入口即化的面团**

将土豆煮过之后捣碎，同水混合之后放入和面机搅拌。土豆的淀粉颗粒比其他食材更大，糊化时口感光滑是其特点。即使混入面团之后，也很难产生黏性。

### 葛粉糊

**高黏性淀粉作为面团骨架**

用于"食物纤维（第76页）"中。外观呈黏稠状态，适合以淀粉作为骨架的软糯面包，而不是通过麸质膨胀的膨松面包。

面团的神奇变化
使面包更加美味

# 面包的神奇变化

我在制作面包时，最注重的就是面包是否具有入口即化的适口感。同时，无论小麦粉、乳制品、茶、香草等任何口味，均可通过制作的面包呈现。

面包中需要含一定量的麸质，但我并不喜欢麸质含量过高的面包（口感稍显松软，口感类似超过保质期的面包，口感较差）。并且，如果麸质味太强，就难以品尝到面团本身的小麦甜味及香味或牛奶及香草的香味等。

实际上，和面时观察可知，麸质含量高的面粉颜色会越白，面粉原本的颜色较不明显。与其成正比，口感也逐渐变弱。举个形象的比喻，如同食材的颜色及风味落入麸质编织的渔网中。根据我的经验，即使配方相同，根据和面的程度、麸质含量等，面团的口感也会完全不同。

图为刚揉好的"Pain Stock"的面团。麸质紧密相连，双手拉伸使其变薄。

为了抑制麸质的形成，我最早考虑过使用淀粉。调制汤糊或汤种添加于面团中，补充淀粉以抑制麸质形成，面团的密度提升，形成软糯口感。由于麸质减弱，食材口感更加醇香。

此外，过多加入淀粉则会使面团变重，导致"结块"。从而，导致面包难以入口，不适口。

既要避免麸质味，又要得到入口即化的口感，应该如何解决？

之前有过这种疑问，但在志贺胜荣的交流会中学会了巧妙利用酸碱度[1]及酶[2]的思路。

*1 表示酸碱度的数值，即 pH。pH 为 1 ~ 14，数值小则呈酸性，数值大则呈碱性，pH7 为中性。
*2 存在于所有生物体内，该物质是各种化学反应的催化剂。种类繁多，数不胜数。

例如，使用酸奶、醋等酸性食品腌渍肉食时，如处于酸性环境下，可感到蛋白质变软。这里的蛋白质，其实就是面包中的麸质。

如降低面团的酸碱度，发酵过程中麸质开始变软，烘焙弹性得以改善。保水性也有所提升，形成入口即化的口感。

仔细想想，传统黑麦面包的配方中也有使用天然酵种降低酸碱度以提升保存性，或者使谷物的麸皮及蛋白质变得柔滑、易消化。这都是前辈智慧的结晶[3]。

*3 黑麦中没有形成麸质的部分蛋白质（谷蛋白），相比普通小麦粉制作的面包，黑麦面团更不易拉伸，这是因为制作面包的原理有所不同。通过使面团呈酸性，从而使面团容易膨胀。烘焙时，还会影响已糊化面包的口感。

由于重视酸碱度，所以我经常使用液体酵母（第26页）。以葡萄干酵种或天然酵种为基础，制作水分较多的面团并发酵一晚，增加乳酸菌，实现带有轻微酸味的液体酵母。如果按一定比例将其加入面团中，可轻松降低酸碱度。

除了酸碱度，还有一个需要重视的就是"酶"的作用。

酶存在于所有生物体内，是各种生命活动不可或缺的物质。它不是生物，而是一种引起化学反应的"催化剂"。不仅限于用于食品制造，清洗剂、美容用品等的生产也会使用酶。

虽说如此，即使谈及"酶"，或许也很难深入理解。刚开始听到"酶切断麸质"的概念时，觉得很深奥，此处对我接触的酶的作用进行说明。

制作面包过程中需要掌握的酶包括两种：蛋白质分解酶"蛋白酶"和淀粉分解酶"淀粉酶"。

蛋白酶具有分解蛋白质（即麸质）的作用。酸碱度只能影响麸质的软化，但蛋白酶会使麸质消失，过度作用会导致面团过软，面包无法成形。因此，在面包世界中，很难掌握其准确使用方法。但是，只要合理使用，就能恰到好处断开麸质，形成烘焙弹性良好的面团。并且，蛋白质分解后的氨基酸也是面包鲜味的源头。

淀粉酶是一种分解淀粉转变成麦芽糖或葡萄糖的分解酶。小麦粉、盐、水、酵母等发酵制成的法棍入口之后感到甜味的变化，其实也是淀粉酶的作用。

面包发酵过程中，面团内发生神奇的变化。酵母、乳酸菌等微生物在面团中活动，利用蛋白酶及淀粉酶，分解面团中的淀粉及蛋白质。并且，摄取所需营养，消化后排出其他物质。这些连续不断的生命活动，最终产生使面包膨胀的二氧化碳、影响面包口感成分的麦芽糖、葡萄糖、氨基酸等。同时，面包的营养成分变成更容易消化的小分子，进入我们的口中。由此可知，面包发酵所产生的好处真是数不胜数。

但是，对面包来说，发酵引起的变化并不都是有益的，还会产生让人不快的苦味及刺激的酸味。之前也有说明，如果酶过度作用，有可能导致构成面团的麸质溶化。

因此，如今我在考虑面包的配方及制法时，除了"蛋白质（麸质）""淀粉""酵母"，还会考虑"酸碱度（乳酸菌）""酶"如何作用，从而决定配方。

例如，决定发酵温度时，如"发酵（第38页）"中所示，"18℃、湿度70%、一晚"是我对大多数面团实施的长时间发酵设定。这是由于此温度带条件下，酵母、乳酸菌、酶均衡作用，分别酝酿出美味成分[4]。

*4 在 18℃ 的温度带条件下，酵母、乳酸菌、酶的作用变得极其弱。通常，酵母产生气体所需最佳温度为25～30℃。但是，如果面团处于更低温度条件下，酵母产生气体的作用就会变弱。同时，酵母产生的香气改变，低温条件下发酵能够产生更多甜香。避免过度发酵，缓慢醒面，面团中的糖分、氨基酸成分不会被酵母改变，风味及口感容易保留。产生温和甜香味，麸质及淀粉开始水合作用，同 28℃ 条件下发酵的面团明显不同。（藤本）

如果在30℃左右，主要负责产生二氧化碳气体的酵母及乳酸菌的活性均提升。并且，如果温度上升，麸质的弹力也会增强，所以面团在短时间内膨胀，有助于面包成形。但是，在短时间内酶来不及分解，可能导致口感成分产生之前，面团就已经充分膨胀。

相反，如果将温度降低至5℃以下，酵母及乳酸菌的活动也会变得迟缓，不适应低温环境的蛋白酶及淀粉酶基本不活动。因此，发酵速度极其缓慢。如果面团中使用酶作用强烈的配料（例如，天然的小麦粉、含大量酶的水果等），在低温条件下发酵更为合适。

由此，面包的面团中形成由多种条件构建的一种生态系统。需要根据各种面包的特点及状况，调整环境使各种条件合理发挥作用。但是，实际制作面包时经常出现意想不到的情况。所以，我今后还要不断积累知识及经验。

麸质、淀粉、酵母、乳酸菌、酶等许多因素综合影响面包的风味

## 和面

在"Pain Stock"，和面的过程会持续到面团即将"分解（揉搓过度导致麸质破坏）"之前。之所以和面到这种程度，一是为了将整体揉搓均匀，二是使麸质变得柔软。揉搓后产生气泡，就是麸质强度的证明。空气完全封入面团中，麸质相连确保空气不会漏出的程度即可。

需要面团不产生过多麸质，且以淀粉作为骨架时，需手工和面制作。但是，经和面机处理的面团在产生麸质后，麸质处于稍微破坏的柔软程度最佳。最后尝味，就能充分了解面团，好的面团柔软且色泽均匀。和面后味道好，基本上烘焙之后味道同样好。

## 和面是决定成品效果的重要步骤

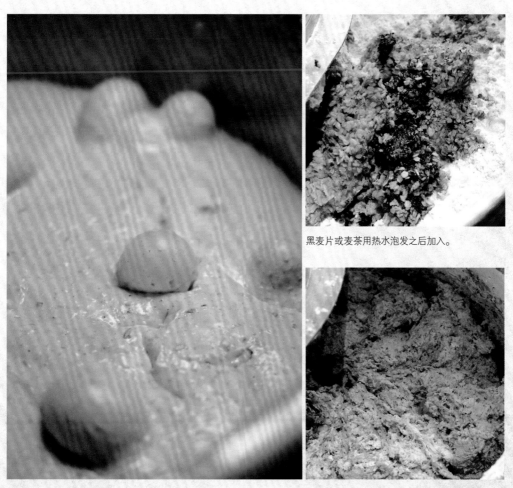

黑麦片或麦茶用热水泡发之后加入。

面团揉搓之后产生的气泡。

和面刚开始的粗粒质感。

## 加水

### 首先制作面团骨架，最后加水提升吸水率

以吸水率100%的"Pain Stock"为主，本书介绍的许多面团均放入大量水，这是为了想要实现入口即化、润爽的面包口感。为了使水分合理浸入面团中，特意将部分水在和面后半程加入*。这种操作方式，本店称作"补充水"。

如果刚开始就加入适量水和面，形成牢固麸质之后再补充水量，会吸入更多水量。

这种操作方法甚至会让人感觉到"吸水率已达110%"，但实际上，观察面团时，有些面团甚至能够继续加水，达到意想不到的吸水效果。决定配方及工艺时，不能仅凭数字指标，应充分了解眼前的面团，找出最佳平衡状态才是关键。

如刚开始水分少，则麸质形成速度快，可缩短和面时间。这也是日积月累中发现的诀窍。

* 和面时，吸水快的麸质先吸收水分，之后淀粉再吸收水分。所以，后半程增加吸水率是非常合理的方法。（藤本）

## 打面

### 用手触摸确认状态之后调整麸质的强度

　　和面完成后，大多数面团都要经过打面才能发酵。使麸质活性化，调整麸质的走向及强度，这些都是打面的目的。我们店内会综合考虑面团产生"筋道"口感和烘焙时的纵向膨胀"烘焙弹性"，分类决定如何打面

（详细内容见第174~176页）。

　　"Pain Stock"的面团是不需要筋道的条件下产生烘焙弹性的打面。将面团整面朝向正上方拉伸，且不停留片刻直接落下，则麸质充分拉伸。并且，打面时用手触摸面团，通过感觉确认强度及状态也是有道理的。如果感觉面团偏硬，也可在打面阶段补充少量水。

　　无论任何操作，我始终认为手工操作更能提升精度。每天接触同样的面团，烘焙好之后品尝，在不断重复过程中自己心中就能形成"这就是美味"的标准值。

## 发酵

"发酵"是制作面包时必不可少的流程。在Pain Stock，在面团中添加的酵种及干酵母基本都是极其少量。这也是为了尽可能延长时间，充分利用微生物的作用，使食材本身的自然成分酝酿出丰富口感。

虽说如此，酵母及乳酸菌毕竟是生物。在面团发酵过程中，谁也无法完全掌控这些微生物的作用。当时的酵种状态，面包坊的环境等，会受到许多人为的或不可控因素的影响。尽可能调整成适合做出美味面包的环境，接下来面团内部会形成怎样的微生物环境，微生物如何活性化等，只能听命于微生物自己如何作用。但是，并不是完全放任不管，仔细观察面团，就能在最佳时机将面团引导向最好状态。正确掌握发生的情况，及时找到最佳方案就是我们面包烘焙师的工作。

发酵前

发酵后

"Pain Stock"发酵前（左）和发酵后（右）。
气泡不断冒出的柔软状态，面团膨胀1.2倍左右。

第3章也有详细说明，第一次吃到师傅志贺胜荣制作的法棍时的惊讶及感动，至今难以忘怀。这种法棍的制作方法"18℃、湿度70%、一晚"就是长时间发酵，如今也是我们店内的基本制作方法。15~18℃的温度带条件下，酵母、乳酸菌、酶均衡作用，分别酝酿出鲜味及甜味，所以我认为这就能够制作出美味面包。

前一天面团下料，发酵一晚之后早上开始烘焙。早上5点左右开始工作，7点左右面包基本陆续出炉。不需要大半夜开始工作，也是这种制作方法的优点。对于早起困难户的我来说，经常5点起床其实也受不了。

发酵过程中无法用眼睛观察，想要知道这段时间内发生了什么，只能在多次实践中慢慢摸索、学习。并且，我现在还是每天坚持制作面包，发现难以理解的情况时就会考虑其他尝试，错多了也有可能找到对的方法。

借助微生物的力量，使面包变得美味；
"如何更好地发酵"是留给面包师的永久课题

## 成形之后调整面包麸质的走向；
## 如果未成形，发酵后的气泡和麸质就会直接影响面包的外形

"Pain Stock"并不追求成形。面团在分割后，确认重量之后就放入模具内。

理由是考虑到麸质纤维的走向。面团圆润成形时朝向内侧卷入，麸质也被卷入。纤维的方向呈现圆圈造型，烘焙之后面团中所含二氧化碳将麸质撑开，使面团整体均匀膨胀成圆形。当然，有的面包就是这样刻意膨胀成圆形。

此外，如Pain Stock等切开状态下烘焙时，麸质的纤维保持直线状态，烘焙之后二氧化碳将面团垂直撑起，面皮朝向上方整齐产生烘焙弹性。并且，和面之后的光泽直接反映在切面上，我就很喜欢这种切面的光泽感。由此分割即成形的面包是为了保持面团的麸质原形，所以需要使用锋利的切面刀将其整齐切开。注意尽可能一次切开，保持尺寸统一。

最终发酵

## 低糖油面团、软面团、高糖油面团，不同特性的面团决定最终发酵的标准

分割及成形时，目标造型明确的面包不用多说，"Pain Stock"这种不用成形的面包多少也要刺激麸质，使面团收紧。为了充分发挥烘焙弹性，使其膨胀至最合适状态，或者使其松弛的工艺就是最终发酵。

Pain Stock、法式田园风面包等需要使低糖油面团垂直产生烘焙弹性的面包，分割后在常温条件下使面团松弛。烘焙效果是否好？其判断标准并不是面团的体量，而是面团的拉伸状态。如果在麸质正好松弛时开始

烘焙，烤箱的热气就会使面团膨胀，充分激发烘焙弹性之后形成美味。

此外，如主食面包及点心面包等需要尽可能膨胀松软的面团，放入发酵箱内加热，体积增大后开始烘焙。通过最终发酵及中间发酵充分加热，是为了让面团口感更清淡。但是，黄油较多的高糖油面团加热之后黄油会化开，面团也会变得湿润，所以在常温条件下缓慢完成最终发酵。

## 划痕和烘焙

### 水分较多的柔软面团通过高温烘焙使其瞬间膨胀

最终发酵完成之后，开始划痕。将最终发酵中使用的模具上下颠倒放置，"Pain Stock"面团放在入炉烤盘上。此时需要注意的是，尽可能不要刺激已经松开的麸质。同时，为了避免面团内气体漏出，不要损伤面团。

并且，划痕时深深划入"十"字。"Pain Stock"等水分较多的面团如果在高温烘焙条件下面团内产生的水蒸气无法顺利排出，面包芯就会变得湿润。较深的划痕会形成水蒸气通道，使面包受热均匀，通过向上的水蒸气撑起面团，整齐沿着垂直方向产生烘焙弹性。*

此外，Pain Stock、法棍等低糖油面团烘焙时，放入烤箱之前先喷入适量水蒸气。整体扑粉的面包皮呈现松软印象，但划痕展开部分呈现光鲜的烘焙色彩，这也是一种反差美感。

\* 烘焙时麸质产生热变性，麸质中的部分水受热变成糊化的淀粉，形成面包特有的口感。"Pain Stock"等吸水较多的面团基于这种现象，烘焙弹性或许更好。

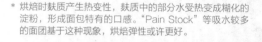

Chapter 2

# "Pain Stock" 干果及坚果面包

核桃仁和葡萄干

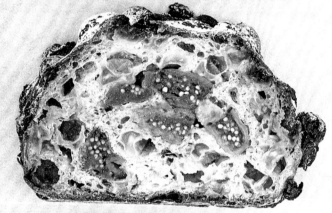

无花果和麝香葡萄干

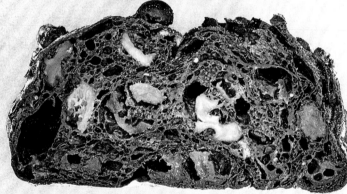

可可胭脂红巧克力

蔓越莓、西梅和黑醋栗

"Pain Stock"的面团中加入干果、坚果之后发酵同样美味。如果是制作这种含干果或坚果的面包，也要仔细品尝配料的口感。选择口感好的，并按面团总量的30%~50%搭配。面包烘焙完成之后，干果或坚果形成类似骨架一样的结构，形成面团相连的感觉。

关键是不需要提前处理干果，直接混入面团中，也是为了保留所有干果的原味。面团及干果均保持湿润状态，所以混入的食材在和面之前用水浸泡，连同水一起加入面团中，可提升吸水率。并且，混合时用手轻轻操作，避免干果等压碎。面团的麸质稍有断裂也不用在意，均匀混入即可。

长时间发酵过程中，面团的水分被干果吸收，果肉也会变得多汁。并且，干果的甜味及香味、坚果的油脂渗入面团中，面团本身也会散发微微的干果或果仁的香味。此外，面团及配料均湿润，口感也会更加柔软，相互融合并产生变化的均衡口感并不是简单加入干果或果仁就能实现的。或许正因为长时间发酵的工艺，实现了别样美味。

使用和面机将可可粉及巧克力豆混合而成的"可可胭脂红巧克力",就是利用长时间发酵效果的组合。想要实现的就是,通过面包呈现可可果实的芬芳美味。烘焙完成时整个面包都散发着红醋栗的酸甜及可可的香味,巧克力豆溶化之后也会增加面包的香味。

挑选混合配料时,还要考虑干果或果仁之间的口感均匀。菠萝等酶含量多的水果应特别注意,否则面团的麸质会被分解,所以这类水果不适合长时间发酵。

此外,根据食材不同,配方也会有所变化。例如水量,核桃仁会吸收较多水分,所以含核桃仁的面团应后续补充水分。相反,西梅虽然已制成"干果",但果肉中保留较多水分,应控制水分。总而言之,多尝试几次就能发现最合适的平衡点。

# 水果和面团的味道在发酵过程中相互混合,<br>依靠时间即可孕育出美味

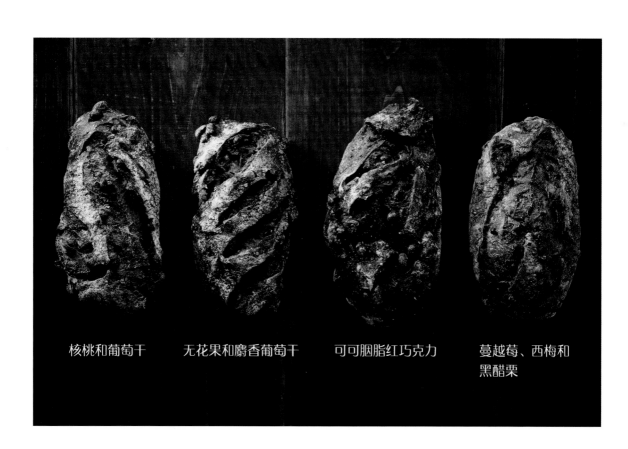

核桃和葡萄干　　　无花果和麝香葡萄干　　　可可胭脂红巧克力　　　蔓越莓、西梅和黑醋栗

核桃仁和葡萄干
无花果和麝香葡萄干
蔓越莓干、西梅干、黑醋栗

## 配料

**核桃仁和葡萄干**
Pain Stock的面团…7700g
绿葡萄干…1400g
红葡萄干…1000g
核桃仁…400g
水…1600g

成品面团量=12100g

**无花果和麝香葡萄干**
Pain Stock的面团…2600g
绿葡萄干…1000g
半干无花果（混入）…100g
水…500g
半干无花果（卷入）…100g

成品面团量=4200g

**蔓越莓、西梅和黑醋栗**
Pain Stock的面团…7700g
蔓越莓干…800g
黑醋栗…1000g
西梅…1000g
水…800g

成品面团量=11300g

发酵前　　　　发酵后

核桃仁和葡萄干

无花果和麝香葡萄干

蔓越莓、西梅和黑醋栗

馅料使面团变重，发酵后体积膨胀为原来的1.2
倍。净含量基本没有太大变化，馅料尺寸较大
的"无花果和麝香葡萄干"基本没有变化。

## Process

三种面团通用

### 准备 Preparation
混入面团中的干果及坚果事先用水（配料所示水量）浸
泡30分钟。

### 手工和面 Hand Mixing
将面团放入烤盘中。干果、坚果、水在面团上铺开。从
四个方向提起面团，折起盖在干果、坚果的上方，反复
折叠多次使面团和干果及坚果混合。此时面团断裂也没
有关系，至少保证均匀混合。
和面完成温度为21~23℃

### 一次发酵时间 Floor Time
常温 1小时

### 打面 Stretch
打面1（→第174页）

### 发酵 Bulk Fermentation
18℃ 湿度70% 一晚

### 分割 Dividing
核桃仁和葡萄干 350g
无花果和麝香葡萄干 400g
蔓越莓、西梅和黑醋栗 350g

### 成形 Shaping
液体酵母成形（→第182页）
"无花果和麝香葡萄干"在此时适量卷入100g半干无花
果。

### 最终发酵 Final Rise
常温 30~40分钟

### 划痕 Slashing
核桃仁和葡萄干 3条斜杠

无花果和麝香葡萄干 4条斜杠

蔓越莓和西梅和黑醋栗 十字

### 烘焙 Baking
上火250℃ 下火230℃ 40分钟

## 加入干果及坚果之后
## 用手轻轻揉搓

用面团包住馅料，多次
提起折叠混合（1~3）。

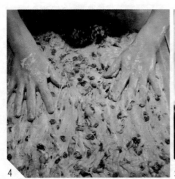

均匀混合之后，手工和面。

发酵后，面团和馅料相互融合。

使用大量干粉，整齐分割面团。

无花果和麝香葡萄干面包成形时
也要卷入无花果。

使用带锯齿的刀，连同干果、坚
果一起划痕。

烘焙完成。也可根据个人喜好包
住芝士。

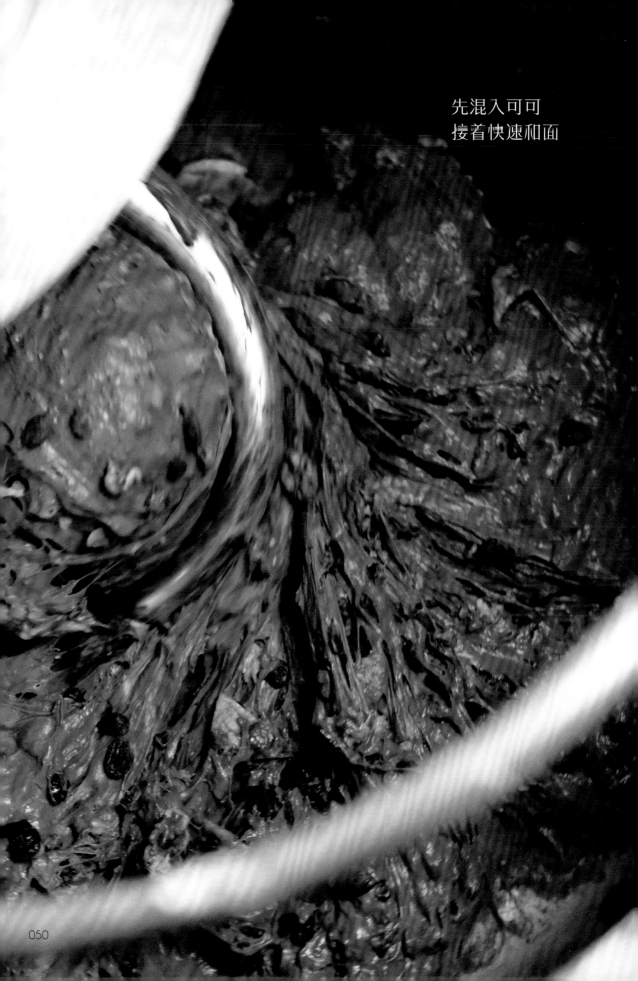

先混入可可
接著快速和面

## 可可胭脂红巧克力

### 配料

Pain Stock的面团…4560g
可可粉…150g
热水…300g
核桃仁…700g
红葡萄干…540g
蔓越莓…540g
半干无花果…200g
巧克力豆（大）…100g
巧克力豆（小）…100g
水…700g

成品面团量=7890g

### Process

#### 准备 Preparation

· 热水溶化可可粉。
· 核桃仁和干果一起放入水中浸泡30分钟左右。

#### 和面 Mixing

Pain Stock的面团和可可粉↓→L2~3→剩余配料↓→L1~2
和面完成温度 21~23℃

#### 一次发酵时间 Floor Time

常温 45分钟

#### 打面 Stretch

打面1（→第174页）

#### 发酵 Bulk Fermentation

18℃ 湿度70% 一晚

#### 分割 Dividing

220g

#### 成形 Shaping

液体酵母成形（→第182页）

#### 最终发酵 Final Rise

常温 1小时

#### 划痕 Slashing

2~3条斜杠

#### 烘焙 Baking

上火250℃ 下火230℃ 35分钟

发酵前

发酵后

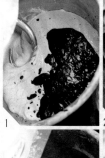
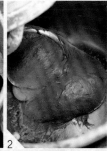

与第48页的3种相同，膨胀并不大。发酵后，膨胀1.2倍左右。

面团和可可粉均匀混合（1、2）之后，将巧克力豆一起放入（3）。干果及坚果不捣碎直接放入，和面结束（4）。

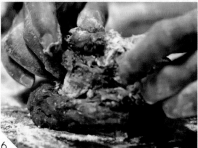

与第48页的3种相同，分割后揉圆润成形（5、6）。

常温条件下，最终发酵至面团松软。

由于是干果较多的面团，用力划痕之后烘焙（8、9）。

Chapter 3

法棍

-两种法棍-

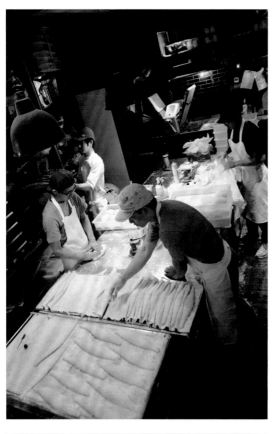
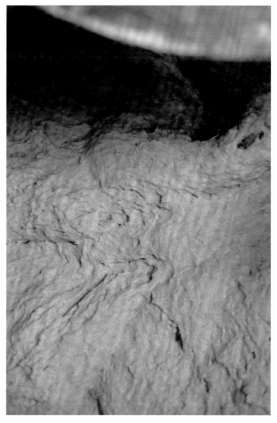

# 小麦粉、盐、水、酵母的
# 简单组合也有无限可能

法棍是成分极其简单的面包，但也是最能表达烘焙师创意的面包。

最早在面包店工作时，对我来说法棍就是"咸味面包"。每逢休息日我都会到街上其他店去品尝各式法棍，但这种印象并没有多大改变。

正因如此，在面包行业工作第3年第一次吃到天然低温发酵法棍时的惊喜至今难忘："法棍居然是甜的！"

仅凭小麦粉、盐、水、酵母，就能表现如此丰富的口感，究竟是如何实现的？面包这种食物，就是简单面团中包含的无限可能。仔细想想，或许我从那时开始才真正走上面包烘焙之路。此后，我就在制作这种面包的志贺胜荣身边工作，当时学到的面包制作技艺如今成为Pain Stock的特点之一。

减少干酵母量，低温条件下长时间发酵，面团内各种微生物及酶产生作用，从而产生小麦粉的甜味及复杂风味。

利用这些作用，基本不用太多调整就能呈现小麦原本的风味，这就是"天然低温发酵法棍"。通过抑制麸质的形成，可感受到浓醇的甜味及鲜味。如第52页的切面所示，将气泡膜及面包皮烤得稍厚，就能做出有嚼劲的法棍。

另外，第53页中显示的"19世纪法棍"的切面既保留长时间熟化的风味，又变得更柔软、适口。如果懂得硬质面包需要佐餐搭配，就会明白只是好吃是不够的。如果面包本身过度强调口感，就容易忽略同鱼肉等菜肴的搭配。取长补短，追求最佳平衡的组合就是我们店的宗旨。长时间熟化产生的复杂风味中，同面团特点相适应的适口感及形态感共存，皮薄且脆香。而且，本店最受欢迎的"明太子法式面包"也是基于19世纪法棍制作的。

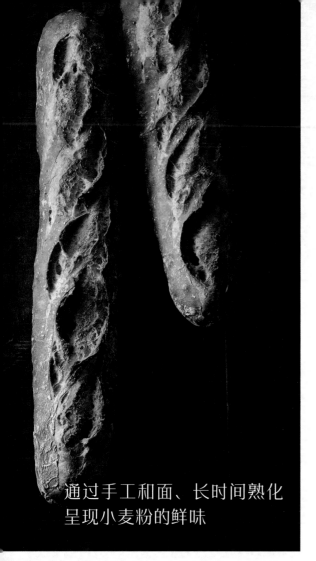

通过手工和面、长时间熟化
呈现小麦粉的鲜味

## 天然低温发酵法棍

保留甜味、鲜味余韵的石臼研磨粉、北方之香、法国的天然石臼研磨粉。3种小麦粉中仅添加了盐、水、干酵母，看似配方简单但风味丰富。手工和面之后，尽可能在不触碰面团的条件下烘焙，直接呈现长时间发酵小麦的美味。

### Process

**手工和面 Hand Mixing**

将所有配料放入和面盆中，从底部翻动均匀混合。和面完成温度为21~23℃。

**打面 Stretch & Fold**

手工打面 3次
    和面1小时后 第1次
    30分钟后 第2次
    30分钟后 第3次

**发酵 Bulk Fermentation**

18℃ 湿度70% 一晚

**分割 Dividing**

300g

**搓团 Preshaping**

对折

**成形 Shaping**

天然低温发酵法棍成形（→第184页）

**中间发酵 Rest**

常温 20分钟

**划痕 Slashing**

5条斜杠 〈\\\\\〉

**烘焙 Baking**

上火270℃ 下火250℃ 30分钟

### 配料（下料2kg）

水车印…1000g
北方之香…600g
BIO T65…400g
盐…36g
干酵母…0.5g
水…1700g

成品面团量=3736.5g

发酵前         发酵后

发酵后面团膨胀约1.5倍。该面团的麸质弱，不太膨胀。

## 19 世纪法棍

使用粒度及灰分不同的5种小麦，浓郁呈现小麦风味的法棍。通过配方及长时间发酵，表现小麦的丰富口感。面包皮薄，有嚼劲且适口，并通过和面、成形、最终发酵等各种工艺提高面团弹性。

### Process

**和面  Mixing**

补充水以外的配料↓→L4→静置↓10→L6·ML4→
测温→补充水↓↓↓L2~3
和面完成温度 21~23℃

**和面机盆内打面  Punching**

面团直接放入和面机盆内5分钟左右。
最后，手动转动1周。

**打面  Stretch & Fold**

打面1（→第174页）

**发酵  Bulk Fermentation**

18℃ 湿度70% 一晚

**分割  Dividing**

200g

**搓团  Preshaping**

主食面包搓团2（→第181页）

**中间发酵  Rest**

32℃ 湿度78% 1小时

**成形  Shaping**

19世纪法棍成形（→第185页）

**最终发酵  Final Rise**

32℃ 湿度78% 1小时

**划痕  Slashing**

1条竖杠

**烘焙  Baking**

上火270℃ 下火240℃ 30分钟

通过使面团变得筋道和长时间熟化实现口感及嚼劲的并存

配料（下料16kg）

PLUM…6000g
水车印…4000g
北方之香拼配…3000g
北方之香T85…2000g
春丰100…1000g
盐…280g
┌ 干酵母…6g
└ 热水（40℃）…320g
　（事先溶化干酵母）
麦芽…40g
水…11810g
补充水…200g

成品面团量=28664g

发酵前　　　　　发酵后

发酵后膨胀约2倍。发酵一晚后，面团始终保持韧性。

## 天然低温发酵法棍的和面及打面

### 尽可能控制麸质蛋白网状结构形成，通过打面及发酵使面团相连

将所有配料放入和面盆中，用手从底部翻动和面。和面至粉粒消失，整体混合均匀（1~4）。

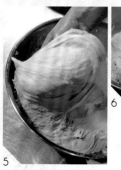

1小时后，进行第1次打面。使用刮板等从盆底翻动面团，朝向中央折叠。第1次打面时，面团并未充分拉伸（5、6）。

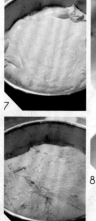
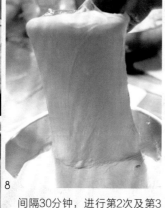

间隔30分钟，进行第2次及第3次打面。步骤7为第3次打面之前，步骤8为第3次打面。面团的质感随着时间推移变得柔滑，产生光泽，翻动面团则顺利拉伸。步骤9为打面结束状态。

## 19世纪法棍的和面及打面

### 长时间发酵后也能保持张力，制作筋道面团

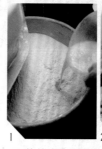

将补充水以外的配料放入和面机盆中，以低速和面。均匀混合之后放置10分钟左右，促使水合（1、2）。

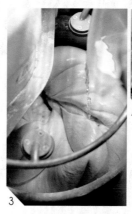

前半程充分产生麸质之后，分3次添加补充水继续和面。和面完成的面团混合在一体并产生张力，可从和面机盆中剥离不粘连即可（3~5）。

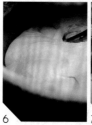

和面完成5分钟后，手动转动和面机1圈，在和面机盆内打面之后取出（6~8）。

30分钟后，开始打面。面团朝上拉伸，使面团易于拉伸，此后手离开（详细内容见第174页）。

# 挑选面粉

## 利用小麦粉特性使面包口感丰富多样

本书的面包中使用的小麦粉分类的示意图参照右侧介绍。

**1 小麦品种的不同口感**
以保证面包带有甜味、香味、口感为主使用的小麦粉，通过法棍等简单面包试制，确认面粉的特性。

**2 研磨方法及粒度**
分为细磨、粗磨、石臼研磨等。颗粒不同的面粉混合之后会产生复杂口感，妙在其中。

**3 灰分**
小麦粉的商品名中经常出现"T00"就是表示灰分的数值。如用百分数表示灰分，数值越高则胚芽部分越多，滋味越浓。此外，全麦粉就是完全使用小麦的面粉。

**4 蛋白含量**
面包用日本产小麦粉的蛋白含量主要为10.5%~12%。蛋白含量越多，越容易形成麸质，也就越筋道，面包成形可能性越高。

**5 淀粉的特性**
嚼劲及软糯感的强弱等都是小麦粉中所含淀粉的特性，决定着面包的口感。

**6 酶**
小麦中包含酶，特别是有机栽培的小麦含丰富酶。酶在发酵过程中溶化面团，同样需要不断尝试确认口感。

*本书中使用的小麦粉明细→第16页

### "白色"小麦粉

精制度高的"白色"小麦粉味道并不香浓，易于使用。
图中的"梦结"是以口感清淡的九州产·南方之香为主料，拼配蛋白含量高且易于膨胀的北海道产·梦力而成。

### "黄色"小麦粉

右图为常用的"黄色"，外观辨识度高，味道浓，软糯，带甜味。烘焙完成之后，面包芯呈独特的奶黄色。

### "褐色"小麦粉

可尝到小麦粉清香及丰富滋味的"褐色"石臼研磨粉。粗磨粉内含空气，用手触摸能感到松软感。细磨粉密度高，容易沾在手上。

### 全麦粉

小麦皮（麦麸）及胚芽制成的面粉，富含食物纤维及维生素，口感香浓，但使其松软膨胀需要一定技巧。也可作为手粉使用，为面包增添香味。图中为"水车印"的全麦粉。

### 法国产小麦粉

右图中的面粉产自法国，为石臼研磨小麦粉，外观略带奶黄色。制作面包时，口感清甜。

### 黑麦粉

使用两种面粉：粗磨全麦粉和细磨黑麦粉。粗磨全麦粉用于天然酵种的下料。"Pain Stock"等面团中使用细磨黑麦粉。

## 天然低温发酵法棍的分割至烘焙

# 尽可能不过度整形，烘焙出面团原本的口感

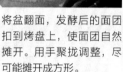

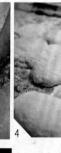

分割时注意按方形切开，尽可能避免破坏面团的形状，作为成形前的准备（分割的详细内容→第177页）。

分割后，对折代替搓团。平整一面朝上，摆放好（3、4）。

1 将盆翻面，发酵后的面团扣到烤盘上，使面团自然摊开。用手聚拢调整，尽可能摊开成方形。

发酵后的天然低温发酵法棍注意合理控制麸质，且避免损伤面团。首先，分割过程中切成易于成形的方形。将已分割的面团对折，代替"搓团"。成形中同样尽可能避免对面团造成刺激，将面团轻轻折叠成形，接着利用面团本身的延展性及重量调整为细长的法棍形状。

最终发酵阶段，不用完整发酵。常温条件下放一会儿，成形收拢的面团松散之后放入烤箱。发酵过程中淀粉分解产生的糖分在法棍表面焦糖化，散发出甜香味。

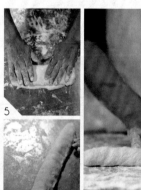

成形时，先从内向外折2/3（5），再从外向内折2/3（6）。最后，折叠使外侧一端重合于内侧一端，按压接合部分使其固定（7、成形的详细内容→第184页）

接缝朝向下方轻轻滚动，调整成棒状。通过面团本身的重量辅助成形，滚动时不要用力（8、9）。

成形后，仅需在常温条件下放置20分钟。烘焙前面团膨胀度较小，保持在扁平棒状程度的柔软度（10）。划痕，烘焙（11）。划痕能清楚呈现时烘焙效果最为理想。并且，散发着小麦粉的甜香（12）。

## 19世纪法棍的分割至烘焙

# 所有工艺配合实现"清爽适口"

1 发酵后，从烤盘中放到台面上的面团产生张力，具有一定厚度。开始分割，注意修整成正方形。

2 预处理时，从左右方向折叠，从内侧包住"主食面包预处理（详细内容见→第181页）"。此阶段开始重叠各层，面团稍微膨胀。

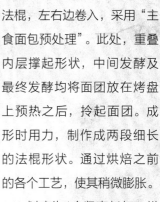

19世纪法棍不同于普通法棍，左右边卷入，采用"主食面包预处理"。此处，重叠内层撑起形状，中间发酵及最终发酵均将面团放在烤盘上预热之后，拎起面团。成形时用力，制作成两段细长的法棍形状。通过烘焙之前的各个工艺，使其稍微膨胀。

划痕为1个竖直长杠，烘焙过程中面团中间展开，膨胀之后撑起形状。中央部位爽口的面包瓤和两端苏打饼干酥香的面包皮，尽享两种美味。

3 预处理后放入烤盘，进行中间发酵。提高面团温度，使面团开始膨胀。

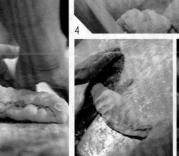

7 8

9

成形时，折三层后将面团从外侧卷入内侧，两端压紧固定。接缝朝下，轻轻按压滚动使面团成为中间粗两端渐渐细长的形状（6~9，详细内容→第185页）。成形时面团受到刺激，弹性增加。

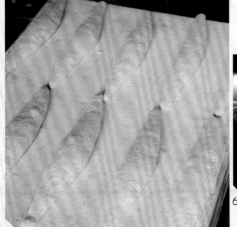

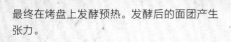

5 最终在烤盘上发酵预热。发酵后的面团产生张力。

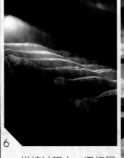

6

烘焙过程中，竖杠展开，中央膨胀，清爽适口。细长两端部分酥脆焦香。

核桃仁的香味及油脂
渗入法棍面团中，并
使其上色

## 核桃面包

### 配料

19世纪法棍的面团…10780g
核桃仁…425g
水…610g

成品面团量=11815g

本店的"核桃面包"是在和面完成的19世纪法棍的面团中加入核桃仁,方法与第2章介绍的"含水果及果仁的Pain Stock"共通。在面团中加入核桃仁和水,发酵一晚。渗入核桃仁的香味及油脂的面团味道浓醇,核桃吸收面团水分之后变软。发酵后尽可能不对面团用力,轻轻地将面团修整为海参形状之后烘焙,使面包皮散发出香味,面包瓤柔软适口。

## Process

### 和面 Mixing

19世纪法棍的面团、核桃、水↓→ML2～3→均匀混合
和面完成温度 21～23℃

### 和面机盆内打面 Punching

面团直接放入和面机盆内5分钟左右。
最后,手动转动1周。

### 发酵 Bulk Fermentation

18℃ 湿度70% 一晚

### 分割 Dividing

500g

### 成形 Shaping

四折海参面包成形（→第183页）

### 最终发酵 Final Rise

常温 1小时

### 划痕 Slashing

1条竖杠

### 烘焙 Baking

上火260℃ 下火240℃ 40分钟

发酵前

发酵后

发酵后面团膨胀约1.5倍。由于在法棍的面团中加入核桃仁及水,所以麸质较弱。核桃仁的丹宁渗入面团中,将面团染上浅色。

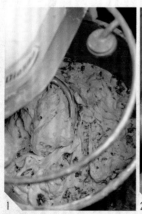

| 1 和面时,使面团中均匀混入水分和核桃仁。 | 2 发酵后的面团膨胀,极其柔软。 | 3 分割及成形时不得用力（成形的详细内容→第183页）。 | 4 用柜式烤箱烘焙出香味。 |

# 相信自己制作的面包的品质

　　或许，每个人对"美味面包"的定义都有不同。并且，根据地域及时代，这种美味也会有所改变。

　　"面包的美味"到底是什么？

　　第一次尝到师傅志贺胜荣制作的法棍时，那份感动至今难以忘怀。用面粉、盐、水、酵母制作的面团中蕴含着丰富口感，苦味、酸味、各种香味在口中浑然一体。小麦粉居然能够变得如此美味，这就是发酵的奇妙之处。

　　制作面包的过程居然如此美妙。这不只是对"美味"发出的惊讶，制作法棍的过程更让我懂得面包世界的深奥。瞬间让我感受到面包世界的光芒，让我愿意一生在这个道路上不断追求。

　　但是，面包的世界与众不同。有时我可能会怀疑固有的常识，从各种角度思考，有时还会遇到瓶颈，但灵光一现时就会想出奇妙方法，甚至创造出从未有过的美味。

　　当然，经常对配方及做法进行创新也有风险。在习惯于传统的人眼里，或许自己的做法有些标新立异。我愿意承担这种风险，自己思考并坚定意志。

　　即便如此，我仍然想要更多勇气相信自己制作的面包的品质。为此，我从日常生活中去发现美，并学习及构建理论基础。"我创造的美味"如何传递给食客？每天我都在考虑这个问题并坚持制作面包。

Chapter 4

手工揉搓制作的不整形面包

北方之香法式田园风面包

通过手工和面的法式
田园风面包直接表现
法式田园风面包的独
特美味

由于是水分较多的面团，划1道深划痕，使面包受热均匀。划痕整齐展
开，使用柜式烤箱烘焙，使上方产生烘焙弹性。

　　"法式田园风面包"是一种在和面过程中多次加水、柔软、分割后不整形直接烘焙的面包。此处介绍的是用手工和面制作的法式田园风面包，配方及工艺均十分简单。尽可能不做调整的自然风面包，直接凸显小麦的风味。

　　任何小麦粉都能制作法式田园风面包，但本店使用的是用高筋面粉制作，虽然用的是高筋粉，但制作的面包软糯可口，这种口感的源头就是使用提升淀粉黏性的支链淀粉。也就是说，软糯口感强的小麦粉面包难以产生烘焙弹性，面包皮偏厚。但是，北方之香兼具软糯口感及烘焙弹性。如果制作过程合理，就能实现面包皮脆香、厚薄适中，面包芯入口即化的奇妙口感。并且，稍稍泛黄的面团极其香甜。但是，这种小麦难以栽

培，流通量较少，美味口感也是独一无二的。

　　北方之香是我最早使用的日本产小麦。实际上，Pain Stock开业当初基本没有用过日本产小麦。开业3年后，第一次吃到日本产小麦的法式田园风面包，惊讶道："日本产小麦也能制作如此美味的面包！"于是，我开始对日本产小麦产生兴趣，并逐步尝试使用各种日本产小麦。如今，基本能够100%使用日本产小麦粉制作面包，但其中最特殊的还是北方之香。

　　为了完好地保留支链淀粉，这种面团最好采用手工和面。吸水率较高（约117%），所以从和面至烘焙，面团始终保持柔软。发酵后为了保护好面团内的空气，分割时应避免损伤面团，并轻轻放入烤箱中。并且，从烤箱底部传递热量，充分产生烘焙弹性。

控制水分，实现入口即化的口感

配料（下料2kg）

北方之香…2000g
盐…37g
干酵母…3.2g
热水（40℃）…40g
（事先溶化干酵母）
液体酵母R…50g
水…2300g

成品面团量=4430.2g

## Process

### 手工和面 Hand Mixing

和面至无粉状
和面完成温度 21～23℃

### 打面 Stretch & Fold

手工打面 3次
和面1小时后 第1次
30分钟后 第2次
30分钟后 第3次

### 发酵 Bulk Fermentation

常温 4小时

### 分割 Dividing

120g

### 最终发酵 Final Rise

常温 15分钟

### 划痕 Slashing

1条斜杠

### 烘焙 Baking

上火250℃ 下火240℃ 25分钟

发酵前　　　　发酵后

发酵后面团膨胀约1.5倍，表面产生气泡。吸水率较高，和面完成至分割，面团始终保持柔软。

配料放入盆中，从底部翻动，使水分均匀混合（1、2）。

轻轻混合，直至无粉状。

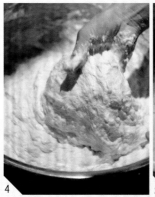

粉状消失，和面完成。此时，面团质感较粗（4、5）。

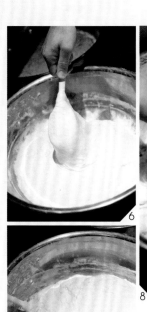

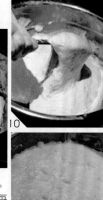

第2次打面（8、9）。
第3次打面（10）。每
次打面后面团增添光
泽，更易拉伸。发酵
后，面团也有光泽
（11）。

第1次打面。面团
的质感随时间变得
柔滑（6、7）。

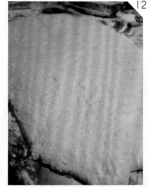

面团对折，分割成正方形。尽可能不要触碰面
团，先切成规定的尺寸（13、14）。

分割后，放在已打褶的帆布上。

放在台面的面团。自然
平整摊开的柔软程度。
但是，根据需要，可用
手将四角展开（分割的
详细内容→第177页）。

最终发酵后的面团极其松软（16）。放入炉烤
盘时，注意避免损坏面团（17）。柔软松散，
并划痕之后开始烘焙，充分产生烘焙弹性之后
口感变得清爽（18）。

可可巧克力面包

红茶和白巧克力面包

一口下去满嘴红茶香，浓醇巧克力也香气四溢；
手工和面，充分表现浓醇口感

"红茶和白巧克力"及"可可和巧克力"，同法式田园风面包一样采用手工和面，分割之后直接烘焙。制作方法看似简单，但口感筋道、风味浓郁。

可可和巧克力面包的烘烤理念是为了塑造"巧克力蛋糕口味的面包"。成品是在含可可粉的面团中放入大量巧克力的深褐色面包。由于放入小麦粉一半分量的巧克力，面团变得相当重，犹如蛋糕一样紧密浓醇。但是，为了保留面包的入口即化感，将常温发酵时间延长，充分呈现面团的特色。并且，发酵前后分别打面也是这种面包的制作关键。慢慢刺激麸质，使面团保持张力。

红茶和巧克力面包带有浓郁的红茶浓郁香味。通常红茶、香辛料、香草等配料的"香味"，很难在面包中体现。

即使用量很多，其香味大多也会被麸质掩盖，并在发酵及烘焙过程中挥发。因此，为了使面团产生浓烈香味，制作时，直接将茶叶混入面团中，而不是使用提取的红茶汁。由于面团的吸水率较高，一次发酵过程中红茶被面团提取，渗入浓厚的香味。并且，手工和面时轻柔操作可避免产生麸质，并可能使红茶香味提前产生。

最终发酵过程中，这两种面包的面团膨胀率均能良好展现。分割后略收缩的面团醒发之后，麸质在松散状态下烘焙，无论是配料较多、较重的可可和巧克力面包，还是麸质弱的红茶和白巧克力面包，都会产生相应的烘焙弹性，使面包瓢内出现气泡。并且，烘焙过程中巧克力化开，面团的一部分变得绵软如巧克力蛋糕，接近蛋糕口感，但通过发酵处理保留面包的烘焙特点。

## 红茶和白巧克力面包

### 配料（下料2kg）

北方之香拼配…1700g
梦力…300g
盐…34g
红糖…200g
┌ 干酵母…6.5g
└ 热水（40℃）…40g
　（事先溶化干酵母）
红茶（伯爵茶）…60g
硬币形状白巧克力（大）…400g
硬币形状白巧克力（中）…200g
白巧克力豆…200g
水…2080g

成品面团量=5520.5g

### Process

#### 手工和面 Hand Mixing

和面至粉状消失
和面完成温度 21~23℃

#### 打面 Stretch & Fold

手工打面 3次
　和面1小时后 第1次
　30分钟后 第2次
　30分钟后 第3次

#### 发酵 Bulk Fermentation

常温 4小时

#### 分割 Dividing

120g

#### 最终发酵 Final Rise

常温 30分钟

#### 划痕 Slashing

1条斜杠

#### 烘焙 Baking

190℃ 10分钟→180℃ 6分钟

发酵后的面团膨胀1.5倍左右。辅料较多，麸质弱，所以膨胀率低。

发酵前　　发酵后

# 通过手工和面及长时间熟化呈现小麦粉的鲜味

事先混入水以外的配料（1、2）。

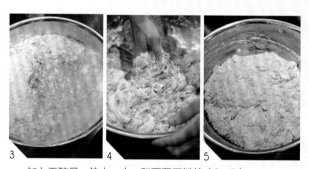

加入干酵母、热水、水，和面至无粉状（3~5）。

第3次打面。重复打面产生光泽，更有弹性（6、7）。

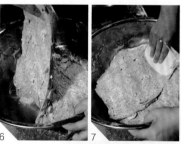

面团质感偏硬。对折之后分割（8、9，详细内容→第177页），面团松弛之后烘焙（10）。

## 可可巧克力面包

### 配料（下料2kg）

春恋・春光拼配…1000g
春力…600g
北方之香拼配…400g
盐…36g
砂糖…360g
可可粉…200g
┌ 干酵母…6.5g
└ 热水（40℃）…40g
　（事先溶化干酵母）
硬币形状巧克力（大）…500g
巧克力豆…500g
牛奶…810g
水…1460g

成品面团量=5912.5g

发酵前　　　　　发酵后

发酵后膨胀约2倍。辅料较多的配方也能充分发酵，这也是这种面团的特点。

## Process

### 手工和面 Hand Mixing
和面至粉状消失
和面完成温度 21～23℃

### 打面 Stretch & Fold
手工打面 3次
　和面1小时后　第1次
　30分钟后　第2次
　30分钟后　第3次

### 发酵 Bulk Fermentation
常温 6小时

### 打面 Stretch & Fold
四折（正方形）

### 中间发酵 Rest
32℃ 湿度78% 1小时

### 分割 Dividing
120g

### 最终发酵 Final Rise
32℃ 湿度78% 1小时

### 烘焙 Baking
200℃ 11分钟

1

所有配料放入盆中揉搓。由于是偏硬的面团，注意均匀混合配料。

2

3

和面完成后表面变得粗糙。

4

打面之后面团变得柔滑、有光泽。

形状各异的烘焙效果。"红茶和白巧克力面包"（左）表面的巧克力焦糖化，非常美味。"可可和巧克力面包"（右）自然形成的裂纹中恰到好处隆起。

高纤面包

含食物纤维和乳酸菌等，具有调
整肠胃功能的美味健康面包

配料（下料1kg）

水车印（全麦粉）…1000g
盐…20g
混合谷物（半成品）…200g
米糊…150g
葛粉糊…50g
葡萄干酵种…50g
蜂蜜…50g
核桃仁…200g
水…930g

成品面团量=2650g

## Process

### 手工和面 Hand Mixing

和面至粉状消失
和面完成温度 21～23℃

### 打面 Stretch & Fold

手工打面 3次
　和面1小时后　第1次
　30分钟后　第2次
　30分钟后　第3次

### 发酵 Bulk Fermentation

18℃ 湿度70% 一晚

### 分割 Dividing

60g

### 划痕 Slashing

1条斜杠 ◯

### 烘焙 Baking

206℃ 23分钟

这种面包是为了刚怀孕的员工特别制作的。当时，正好看到那位员工每天靠吃豆腐渣解决便秘问题的困扰。于是将这种富含膳食纤维的食物制作成美味、安全、富含食物纤维的面包。

由于使用了大量全麦粉、杂粮谷物，还有葡萄干酵种来补充乳酸菌，为了改善口感，还添加了蜂蜜。不产生麸质，通过谷物纤维及淀粉使面团连接。富含食物纤维，有利于消化。口感微甜、可口。

美味、健康的面包，让每天的生活更加美好，这也是面包师做出的绵薄贡献。

发酵前　　　　　　发酵后

这种面团使用葡萄干酵种发酵。
发酵后膨胀约2倍。

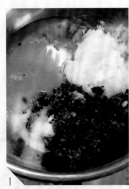   

1 全麦粉和盐以外的配料先用打发器搅拌混合。

2 和面完成后，面团呈粗糙质感。

3 第3次打面结束之后产生光泽，但韧性不强。

4 由于是抑制麸质生成的面团，分割后应立即烘焙。

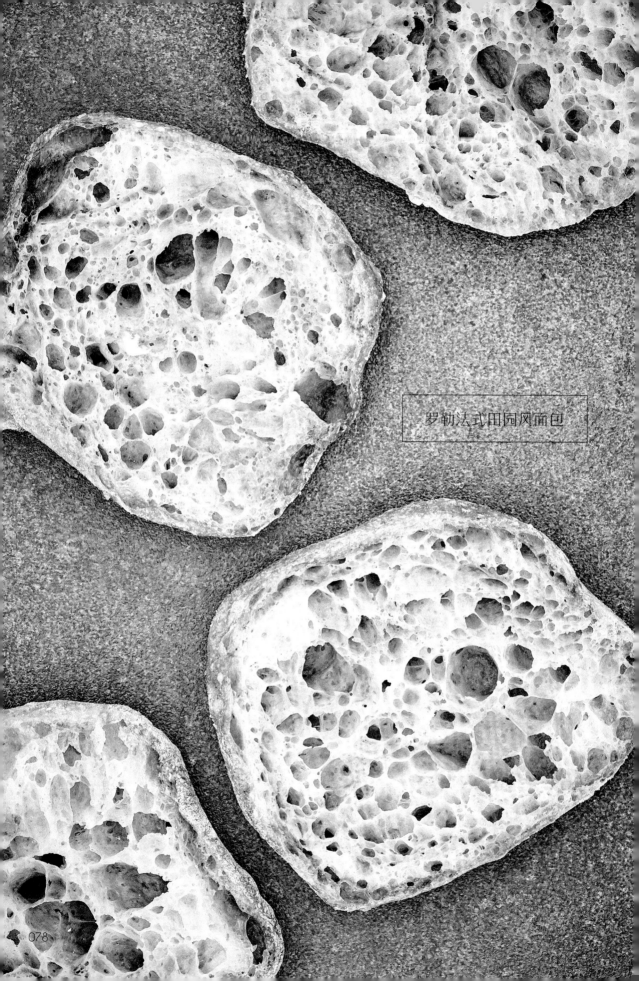

罗勒法式田园风面包

水分较多的柔软面团，为了避免烘焙时香味散失，划入一条浅痕。

入口瞬间充分散开的罗勒香味尽可能抑制麸质生成，以确保新鲜口感

虽然都叫做"法式田园风面包"，但这种"罗勒法式田园风面包"的制作方法完全不同于第68页的"北方之香法式田园风面包"。刚开始并不是手工和面，而是用手在和面机处理好的面团中混入罗勒油。属于后添加油脂的半硬面团，但面团的柔软度及处理方法同北方之香法式田园风面包极其相似。

这种面包的配方是为了凸显罗勒的芬芳气味，也是同餐馆老板小原和夫合作创意用于搭配餐食的面包，属于长期供货的商品。面团的颜色是清爽的绿色，吃下去满嘴都是罗勒香味。

为了尽可能避免香味散发，制作罗勒面团时从早上开始下料，到了下午开始烘焙。由于面团的吸水率超过100%，刚开始就是"水和油"难以混合的状态。将面团撕开后再搓揉到一起，反复操作至产生麸质。罗勒油和面团无法完全混合，烘焙完成之后切面形成有趣的大理石花纹。

充分产生香味的另一个关键步骤就是，直到最后都要抑制麸质产生。发酵后从盆中取出面团之后，不要用手触碰直接分割。

实际上，这种面包刚开始成形时为小一圈的法棍形状，之后才按"北方之香法式田园风面包"的制作方法折叠面团之后分割并烘焙。当然，无论使用哪种方法，如果对面团过度操作，麸质味道就会明显，罗勒香味就会变淡。目前为止，这款面包一直是本店的畅销产品。

## 配料

洛代夫面包的面团 从配料混合之后
取1500g

- 北方之香…1500g
  水车印…500g
  盐…40g
  - 干酵母…3g
  - 热水（40℃）…100g
  （事先溶化干酵母）
  水…1350g
- 补充水…650g

罗勒油
- 罗勒…50g
- 橄榄油…50g

成品面团量=1600g

## Process

### 洛代夫面包的面团的和面 Mixing

补充水以外的配料↓→L4→静置5·
L3·ML3→补充水↓↓↓→ML9 和面
完成温度 21~23℃

### 手工和面 Hand Mixing

和面至罗勒油完全渗入

### 一次发酵时间 Floor Time

常温 30分钟

### 打面 Stretch & Fold

打面2（→第174页）

### 发酵 Bulk Fermentation

常温 7小时

### 分割 Dividing

110g

### 最终发酵 Final Rise

常温 10分钟

### 划痕 Slashing

1跳斜杠

### 烘焙 Baking

上火250℃ 下火240℃ 20分钟

发酵前　　　发酵后

为了避免罗勒香味散发，此面团当天下料。
发酵后，膨胀约2倍。

将罗勒和橄榄油放入榨汁机中，制作
罗勒油（1~3）。

制作面团（4）。从
盆中取出面团缠绕
于钩子上（5），边
搅拌边分3次添加
补充水（6）。和面
完成（7）。

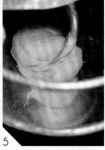

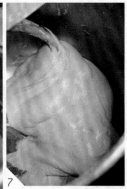

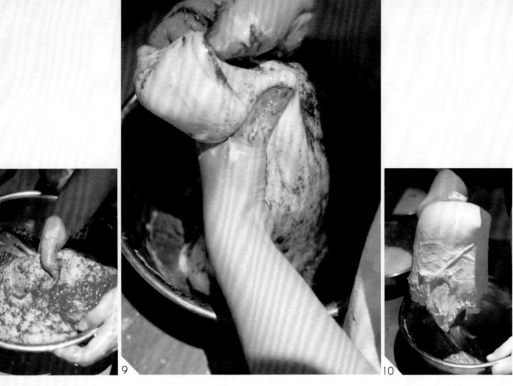

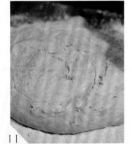

面团中包含罗勒油，将面团握紧后分割的同时，混合油和面团（8~10）。

## 烘焙时避免面团所含罗勒香味散发

放在台面上，不折叠状态下分割（11、12）。分割后的面团非常软。如果面团过度松散不易成形，应立即烘焙（13~15）。

Chapter 5

# 调整淀粉含量与酸碱度的创意面包

经典白吐司

## 调整酸碱度使面团入口即化，香甜多汁的葡萄干使面包的口感更浓郁

含葡萄干的主食面包，也是本店始终制作并不断进行改良的一款经典吐司面包。不同于寻常的葡萄口感面包，葡萄干的果汁香味更加浓郁。葡萄干用量为小麦粉的1.1倍，甜味适中，入口即化。

将葡萄干事先用水浸泡，使其香味更容易渗入面团中，面团口感也会更加润爽。

借鉴使干果中浸入水分的技法，挑选葡萄干时也不仅限于红葡萄干，还搭配绿葡萄干。其次，还有加入制作葡萄干酵种时使用的绿葡萄干。发酵后的葡萄干被酵母消耗糖分，基本没有甜味。并且，不同品种及状态的葡萄干混合添加，浓淡口感丰富，吃不腻。将浸泡葡萄干的"葡萄干水"也混入面团中，风味更浓郁。

由于添加了适量的水，所以这种面团易松散，不易保持形状。因此，首先加入汤种，即使麸质较弱，也能在汤种内淀粉的辅助作用下支撑面团。并且，通过液体酵母降低酸碱度，使麸质软化。设计配方时就是将具有"汤

最终发酵及烘焙过程中才开始膨胀，所以外观比相同模具烘焙的经典白吐司小一圈，但拿在手上很有分量。

种的软糯感"作为这种面包的特色，所以比之前口感偏硬。此后，由于注意到酸碱度，我开始使用液体酵母，面包的口感也变得更好，入口即化。

如今，许多面团的配方中我都考虑到酸碱度及酶的作用，最早开始进行尝试的就是制作这种面包。自己感兴趣的事业不断开花结果，我自己也充满信心。

## 配料（下料2kg）

梦结…1800g
梦力吐 200g
盐…42g
红糖…80g
干酵母…9g
砂糖…4g
热水（40℃）…160g
汤种
梦结…150g
热水…300g
液体酵母P…300g
蜂蜜…60g
葡萄干水*…1260g
水…300g
无盐黄油…200g
A 液体酵母R…1000g
补充水…200g
红葡萄干…500g
制作葡萄干酵种所使用的
绿葡萄干…500g
红葡萄干*…750g
绿葡萄干*…400g
黑醋栗*…50g
水 适量
白朗姆酒 1杯盖

成品面团量约8265g

葡萄干充分泡水之后使用，
一部分不泡水直接添加。

# Process

## 准备 Proparation

· *将葡萄干放入可完全浸没的水和白朗姆酒中浸泡一晚。浸泡过的"葡萄干水"也成为配料。
· 干酵母、砂糖、热水放入盆中，用打发器搅拌混合之后放置6分钟，预备发酵。
· 混入A的液体酵母R、补充水。

## 和面 Mixing

黄油、A的配料、葡萄干以外的配料↓→L8·ML8→黄油↓→ML3→A的配料↓↓→ML6→葡萄干↓→L2
和面完成温度 21～23℃

## 打面 Stretch & Fold

打面2（→第174页）

## 发酵 Bulk Fermentation

常温 3小时30分钟

## 分割 Dividing

280g

## 预备成形 Preshaping

主食面包预备成形2（→第181页）

## 中间发酵 Rest

常温 10分钟

## 成形 Shaping

主食面包成形3（→第188页）

## 最终发酵 Final Rise

32℃ 湿度78% 1小时30分钟

## 烘焙 Baking

190℃ 20分钟→180℃ 10分钟

和面的前半程充分产生麸质（2）。
麸质相连后，放入黄油（3）。

面团缠绕于搅拌钩上之后，分3次补充A的配料，混合之后继续和面。属于麸质容易破坏的面团，注意和面适度（4、5）。葡萄干以外的配料完成和面（6）。和面至面团能从和面机干净剥离的程度之后，放入葡萄干。

香味及甜味不同的4种葡萄干混合一起，多放点也吃不腻。

发酵前　　　　　　发酵后

发酵后，面团膨胀1.5倍。由于是辅料较多的面团，所以膨胀率低。

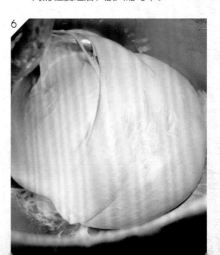

# 麸质弱、葡萄干多的面团保持技巧

打面，同时确认状态。面团相连，但麸质弱。

7 放入葡萄干后，轻轻搅拌混合避免果肉捣碎。

8 搅拌均匀，关闭和面机。

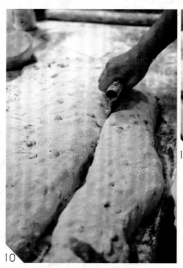

11

12

尽可能一次性分割，避免面团损伤。麸质弱条件下为了保持面包形状，在预备成形及成形工艺中注意"层叠"，制作许多层（11、12、成形的详细内容→第188页）。

10 分割时的面团柔软、润滑。

最终发酵（前13、后14）至烘焙（15）之前，膨胀率低。

13

14

15

全麦粉芝麻面包

全麦粉不易形成麸质，且面粉颗粒较大，容易产生涩味。

我本以为用全麦粉制作不出好吃的面包，没想到我居然在兵库县买到了好吃的全麦点心面包。这种面包清香、润爽适口。之后，在那家面包店的店长松崎先生所写的书中得知制作这种面包时所用的汤种，以此作为参考设计出长时间发酵的面团。

如果以全麦粉作为汤种使其含水，就不容易产生涩味。并且，为了口感更加软香，并使面团在产生烘焙弹性之后更加膨松，特意加入液体酵母降低酸碱度，使麸质更柔软。

对于加入全麦粉的面团来说，和面程度也非常重要。使用普通小麦粉制作面团时，和面越久就产生更多麸质。但是，全麦粉和面越久越容易产生麸皮，麸皮会切断麸质，最终使面团不易成形。应观察状态，在合适时机结束和面。

但是，换个角度考虑，麸皮含量的多少也是构成面团骨架的必要元素。即使麸质稍有不足，麸皮也能如墙砖般堆砌重叠，从而保持面包的形状。这么说来，黑芝麻也是支撑骨架的条件。制作混凝土时，在水泥中混入颗粒大小不同的沙粒，间隙填充之后强度得以提升。同理，混入麸皮及黑芝麻，面团也会更容易成形。

此外，这种黑芝麻最好选择香味浓郁的，找了好久最终使用有机栽培芝麻。这种浓香的芝麻使面包全麦粉香味更加浓郁，两者相辅相成。这种面包可单独食用，也适合佐餐。此外，这种面包同"北方之香法式田园风面包"一样，被西餐馆采购作为主食面包。

## 全麦粉面团也能制作软香口感面包

全麦粉的香味和黑芝麻的香味，两者相辅相成。

## 配料（下料800g）

北方之香拼配…400g
北方之香T85…400g
盐…18g
红糖…60g
- 干酵母…1.8g
- 热水（40℃）…50g
（事先溶化干酵母）
汤种
- 粗磨全麦粉…200g
- 热水（100℃）…400g
液体酵母…4g
无盐黄油…100g
水…380g
补充水…265g
黑芝麻…120g

成品面团量=2398.8g

添加200g全麦粉，作为汤种。

发酵前　　　发酵后

发酵后的面团膨胀约1.5倍。吸水率较高（约80%），所以面团有一定韧性。

# Process

## 和面 Mixing

黄油、补充水、黑芝麻以外的配料
↓→L4·ML3→黄油↓→ML2→补
充水↓↓↓→ML3→黑芝麻↓→L1
和面完成温度 21～23℃

## 打面 Stretch & Fold

四折（正方形）

## 发酵 Bulk Fermentation

18℃ 湿度70% 一晚

## 回温 Warming

常温 1小时

## 分割 Dividing

35g

## 成形 Shaping

小面包搓团（→第178页）

## 最终发酵 Final Rise

32℃ 湿度78% 30分钟

## 烘焙 Baking

205℃ 12分钟

1　2

加入全麦粉的面团容易和面过度，之后加入黄油可缩短和面总时间。

3

补充水的时间比普通面团更早。从和面盆中干净剥离之前，大致混合一团则可补充水（3、4）。

4

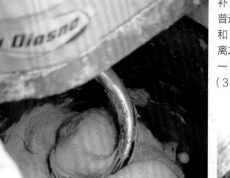

5

图为和面完成状态，这种面团的极限强度是普通面团8成。如果想要达到普通面团同等强度，麸质会被破坏，变得软塌。

6

加入黑芝麻。芝麻均匀混合之后，立即
关闭和面机。

7

8

9

面团越有弹性，越
薄越不容易拉伸。

分割后即可成形，尽可能避免对面团造成负
担（8、9、成形的详细内容→第178页）。

10

11

最终发酵及烘焙之后，面团膨胀约1.5倍。

相同面团制作的"黑芝麻
卷"，卷入巧克力豆之后切
成小块，再放上硬币形状巧
克力即可烘焙。烘焙完成之
后没有卷起痕迹（下），可
见面团之柔软。

## 全麦粉的麸皮和黑芝麻也能支撑
面团的骨架

土豆和迷迭香的发酵面包

# 受德国传统土豆面包启发制作的适口面团

这种面包的原型是一种德国土豆黑麦面包。在北欧及德国，流行在制作原料中加入土豆的面包。寒冷地区难以培育小麦，收获量不稳定。所以，将收获稳定的土豆作为面包原料，并一直沿用至今。

在日本，除了小麦以外还有很多谷物。在尝试使用小麦粉以外原料制作面包时，也试着用土豆制作面包。但是，我们店的土豆面包并不是黑麦面包，而是使用富含蛋白质的小麦粉制作的白面包。土豆泥的柔滑口感使面团更柔软，产生烘焙弹性烘焙之后非常适口。

开业当初制作这种面包时，也曾在制作原料中加入自制的葡萄干酵种。但是，富含维生素C的土豆原本就能稍微降低酸碱度，加入葡萄干酵种之后，葡萄干酵种和土豆均有降低酸碱度的效果，从而造成面团偏酸。因此，通过逐渐改变配方，如今只用干酵母就能制作。

原本就是一种制作方法简单的面包，所以用迷迭香稍加点缀。并不是将迷迭香混入面团中，而是放在面团上烘焙。烤箱中烤干的迷迭香的气味渗入面团表面，食用时迷迭香的气味充满口腔的感觉令人印象深刻。

充分拉伸产生的不规则气泡和薄气泡膜，都是麸质柔软的证明。入口即化，看上去就很松软可口。内含黄油，质感光鲜。

## 土豆泥的柔滑口感使面团烘焙后松软可口

1

土豆带皮煮过之后剥皮（1）。根据所加水量，调整土豆泥的硬度。

### 配料（下料2.5kg）

梦结…1250g
梦力…1250g
盐…50g
红糖…150g
┌ 干酵母…1.3g
└ 热水（40℃）…100g
（事先溶化干酵母）
土豆泥
┌ 煮过的土豆…1300g
└ 水…300g
无盐黄油…100g
水…1000g
补充水…400g
迷迭香 适量

成品面团量=5901.3g

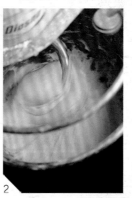

2

基本所有配料放入盆中，开始和面。但是，其中500g土豆泥在混入补充水之后添加。

和面完成之后混合一团，柔软适中（3、4）。

3

### Process

#### 准备 Preparation
将500g土豆泥和补充水混合。

#### 和面 Mixing
500g土豆泥及补充水以外的配料
↓→L6·ML10→剩余土豆泥及补充水↓↓→ML5
和面完成温度 21~23℃

#### 打面 Stretch & Fold
打面3（→第175页）

#### 发酵 Bulk Fermentation
18℃ 湿度70% 一晚

#### 同温 Warming
常温 1小时

#### 分割 Dividing
250g

#### 成形 Shaping
四折海参面包成形（→第183页）

#### 最终发酵 Final Rise
常温 1小时

#### 划痕 Slashing
3跳斜杠
迷迭香放在顶部

#### 烘焙 Baking
上火260℃ 下火240℃ 25分钟

发酵前

发酵后

发酵前的面团伸展性低，发酵后膨松柔软，体积也达到2倍以上。

4

发酵后的面团极其柔软，成形时轻轻触碰，避免面团内部组织断裂（5、6）。

烘焙前，顶部放上新鲜的罗勒。

## 手工和面土豆面包

配料（下料950g）

北方之香拼配…450g
PLUM…450g
盐…18g
┌ 干酵母…5g
└ 热水（40℃）…40g
　（事先溶化干酵母）
土豆泥
┌ 煮过的土豆…720g
└ 水250g
蜂蜜…16g
橄榄油…27g
水…580g

成品面团量=2556g

1　将小麦粉、盐、土豆泥放入盆中（a）。其他配料也要加入，从底部翻动，转动盆使其混合。混合均匀，完成和面（b~e）。
2　放入烤盘（f）。30分钟后（g），在烤盘上打面（打面2→第174页）。接着，30分钟后同样进行一次打面操作（h、i）。
3　常温条件下发酵3小时。
4　根据用途，进行分割及成形（→见第152页"根菜皮挞饼""鸡肉蔬菜皮挞饼"）。

# Chapter 6

# "Pain Stock" 的主食面包

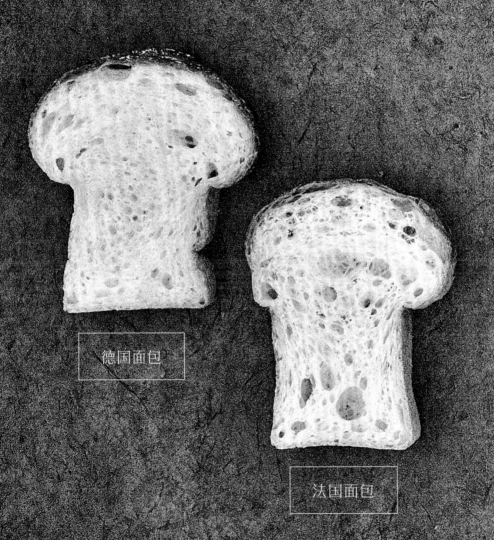

德国面包

法国面包

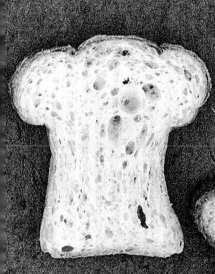

日本面包

羊角面包

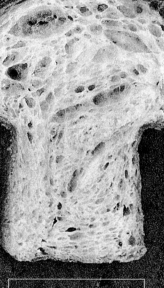

布里欧修面包

德国面包

# 蜂蜜、酸奶、长时间发酵：
# 食材及时间孕育出的"香味"

"德国面包"最注重的就是香味。将干酵母的用量控制到最小，发酵一晚就能产生复杂的风味。并且，还能吃到蜂蜜及酸奶的味道，香味独特。

通常，长时间发酵后面团一会儿变得松弛，容易产生偏硬口感。但是，我认为主食面包既要有一定硬度，也不能失去膨松、入口即化的口感。长时间发酵的风味，再加上主食面包的适口感，两者缺一不可。

首先，加入蛋白量丰富的小麦粉，需要提升面团的强度。其次，麸质太强又会遮盖其他配料的口感，所以需要控制"麸质味"。因此，为了调整麸质的强度，加入蜂蜜及酸奶极其重要。

蜂蜜中所含的酵母在发酵过程中会分解麸质，使口感更浓醇。并且，酸奶可降低面团的酸碱度，使麸质变得柔软。最终，所形成麸质的网格变得柔软，面团的伸展性良好，面团有烘焙弹性。

这种面团还有一个关键点，就是和面完成的时间。大多数主食面包在柔软、和成一团并产生张力之后，即可判断产生麸质，从而结束和面。但是，这种面团在此时结束就会产生涩味，需要超过这个阶段继续和面。

德国面包是本店开业以来一直制作的主食面包。每天在店铺开门前我都会烘焙很多这种面包，摆放整齐等待客人选购。

在麸质即将破坏（过度和面）之前持续和面，使面团松弛，外观出现光泽即可结束和面。由此，筋道的口感和烘焙弹性均可保证。

并且，为了改善烘焙中面团的膨胀，发酵前的打面也不同于其他面团。拉伸面团打面，通过多层重叠一起的"最强"打面方法，在长时间发酵过程中可保留面团的筋道口感。

## 配料（下料16kg）

梦结…7000g
梦力…4000g
PLUM…3000g
北方之香拼配…2000g
盐…320g
红糖…1600g
┌ 干酵母…7g
└ 热水（40℃）…240g
　（事先溶化干酵母）
蜂蜜…400g
酸奶…1800g
无盐黄油…1350g
水…9640g
补充水…2200g

成品面团量=33557g

## Process

### 和面 Mixing
补充水以外的配料↓→L6·ML8→
测温→补充水↓↓↓→ML10～12
和面完成温度 21～23℃

### 一次发酵时间 Floor Time
常温 1小时

### 打面 Stretch & Fold
打面4（→第176页）

### 发酵 Bulk Fermentation
18℃ 湿度70% 一晚

### 分割 Dividing
150g 2个

### 预备成形 Preshaping
主食面包搓团1（→第180页）

### 中间发酵 Rest
32℃ 湿度78% 30分钟

### 成形 Shaping
主食面包成形1（→第186页）

### 最终发酵 Final Rise
32℃ 湿度78% 2小时30分钟

### 烘焙 Baking
185℃ 20分钟→175℃ 10分钟

蜂蜜用部分水溶化之后加入面团中（1）。补充水以外所有配料放入盆中，和面（2）。面团紧密相连（3）。

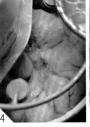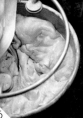

麸质形成，如果混合痕迹明显，可补充水（4、5）。

软黏的面团重新糅合之后加水搅拌，重复该步骤。接着，揉搓至即将过度和面之前。和面完成的面团有光泽，完全贴合和面盆的柔软程度。

面团拉伸折叠，用力打面使面团产生筋道（详细内容→第176页）。

发酵前　　　　发酵后

发酵后的面团膨胀2倍以上。长时间发酵过程中面团内的酵母、乳酸菌、酶产生作用，使面团发酵、熟化。

## 通过搓团及成形等工艺使柔软的面团变得筋道

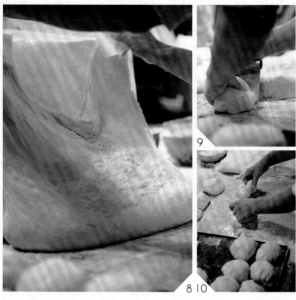

8 10

11

可从烤盘自然滑落感觉的柔软程度的发酵后面团（8）。分割后搓团时为了避免对面团造成负担，轻轻用力折叠并使表面撑开（9、10，详细内容→第180页）。

12 13

搓团后的面团在发酵箱内预热，使面团变得适口。

成形为充分形成内瓤的"按压搓团"（12，详细内容→第186页）。最终发酵后的面团膨胀约1.5倍（13）。

14

烘焙使用对流式烤箱。面团进一步膨胀约1.2倍。

法国面包

## 黄油香味浓郁的高糖油松软主食面包或点心面包

店内较受欢迎的法式面包"kivik（音译）"。

同"德国面包"一样，"法国面包"也是开业当初一直制作的主食面包。添加小麦粉两成以上量的黄油，使用烘焙之后黄油飘香的高糖油面团，充分和面之后易拉伸、易处理。所以，也可用于各种点心面包。

这种面团的特点就是可在和面后阻止其发酵。和面完成之后，先将面团放入-20℃冰箱中急速降温，从而阻止面团发酵。接着，将面团放入-3℃的冰箱中，冷冻保存晚。第二天，回温并分割之后继续处理。

为什么需要冷冻？其一，冷冻之后就能自由延迟面团的发酵时间，方便后续操作。其二，冰点以下的酵母、酶活性降低，从而不会分解面团内的糖分及蛋白质等成分，保留食材的原味。

但是，如果面团在-5℃以上，即使同为冰点以下，面团仍然保持柔软，不会被冻住，从而使湿气变得过多。发酵得到抑制的同时，主要促使面团的水合，一粒粒小麦粉充分吸收水分的感觉。

制作方法方面还有一个特点，就是使干酵母预发酵。本店只使用即发干酵母，正如其名所示原本不需要预发酵，具有方便使用的优点。但是，面团冷冻之后酵母、酶活跃作用的"发酵"时间仅限回温中的3小时及

最终发酵的1小时，从而可能由于发酵不充分导致面包难以成形，或面团中残留干酵母气味。因此，通过对干酵母预发酵，即使没有一次发酵，也能烘焙出松软可口的面包。

这种制作方法的基础是我以前学习面包技艺时掌握的。同硬质的德国面包等许多面团采用的"微量干酵母和长时间发酵"对比，两种制作方法都能"避免产生干酵母气味"。

## 配料（下料15kg）

梦结…13500g
PLUM…1500g
盐…300g
红糖…1410g
┌ 干酵母…105g
│ 砂糖…45g
└ 热水（40℃）…750g
液体酵母R…3000g
液体酵母P…800g
无盐黄油（冷冻）…3150g
冰水…9200g
补充水…2120g

成品面团量=35880g

## Process

### 准备 Preparation
将干酵母、砂糖、热水放入盆中，用打发器搅拌混合之后放置6分钟，使其预发酵。

### 和面 Mixing
补充水以外的配料↓→L6·ML10→补充水↓↓→ML8
和面完成温度 16～17℃

### 打面 Stretch & Fold
打面2（→第174页）

### 冷冻 Freezing
-20℃3小时→-3℃一晚

### 回温 Warming
常温 2小时

### 分割 Dividing
280g

### 搓团 Preshaping
主食面包搓团1（→第180页）

### 中间发酵 Rest
常温 1小时

### 成形 Shaping
主食面包成形2（→第187页）

### 最终发酵 Final Rise
32℃ 湿度78% 1小时30分钟

### 烘焙 Baking
190℃ 20分钟→180℃ 10分钟

预发酵后的干酵母打发成奶油状（1）。黄油以冷却块状放入盆中（2）。

补充水以外均一起混合（3），面团揉成一团之后如有混合痕迹（4），则补充水（5）。

发酵前

发酵后

该面团放入冰箱冷冻一晚，外观没有太大变化，但熟化过程中促进水合，面团保持湿润。

打面的同时，确认面团的状态。柔软至可拉伸程度即可（7）。搓团（8），层叠成形使其膨胀（9，成形的详细内容→第187页）。

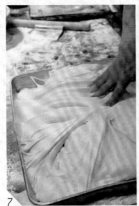

最终发酵，面团膨胀约1.5倍（发酵前10，发酵后11）。

打面的同时，确认面团的状态。打发至柔软拉伸程度即可（7）。搓团（8），层叠成形使其产生膨胀（9，成形的详细内容→第187页）。

借助干酵母的力量在麸质较弱状态下也能使面团膨胀

## 干酵母的使用方法

### 预发酵，创造出更多面包的可能性

　　本店也有使用自制酵种，其作用就是使面团产生"发酵的丰富口感"。对于需要发酵至松软、膨胀状态的面团，大多使用干酵母。并且，对于一次发酵就进行冷冻的面包，如此处介绍的一样，在干酵母预发酵之后使用。如果事先加入作为酵母营养源的水分及糖分，面团的风味就难以被酵母消耗。省去一次发酵，单纯呈现面团中配料的口味。并且，麸质也是遮盖其他配料口味的原因，为了使配料口感合理呈现，麸质自然越弱越好。没有一次发酵、不形成麸质，这种通常难以使面包成形的制作方法通过预发酵提升干酵母效力，从而实现面包的口感。采用创新的制作方法，使面包有更多可能性。

日本面包

# 加入晶莹剔透米糊的低麸质面包，
# 将淀粉和麸质进行搭配制作面团

"日本面包"是一种适合麸质过敏人群食用的面包。用6倍水量煮米粉，煮成糊状"米糊"之后加入面团。米粉比小麦粉的吸水性强，面团不易结块。因此，事先将米粉中倒入大量水分，加热之后淀粉糊化，混入面团之后烘焙出口感润滑的面包。

并且，对于麸质弱的面团，麸质和淀粉同为面包的骨架。本店具体操作方法是加入小麦粉含量为45%的米糊，所以面团会变重，弹性也会降低。从最根本的目的"低麸质"考虑，小麦粉的蛋白量也不能太高。控制麸质的同时实现面包的美味口感，这就要合理决定所用小麦粉及配方。

和面时，刚开始就放入米糊会导致麸质难以形成，所以米糊同葡萄干等辅料一同添加。前半程充分形成麸质之后添加米糊并搅拌均匀，即使麸质少，也能确保面团接合。其次，通过液体酵母降低酸碱度，使麸质软化。使用足量的干酵母还能确保膨胀，淀粉的软糯口感及面包的松软口感均能实现。

之所以想到这种面包，还是受启发于志贺胜荣老师说的"充分满足客人需求"。

制作灵感的出现比较偶然，有一次九州大学医学部的研究所工作人员突然来到店里，他们提出想要制作一种没有麸质的面包，于是我们一起考虑配方。从那时开始，我开始意识到面包不仅要好吃，还要满足不同人群的需求。一直到现在，都有很多麸质过敏的客人经人介绍来到本店购买日本面包。每当这个时候，都会感觉作为一个面包师很有成就感。

米糊中使用米粉的淀粉酶比率高，黏性低。面团不会过重，是一种适合制作面包的米粉。

## 配料（下料5kg）

梦结…3000g
北方之香拼配…2000g
盐…100g
红糖…500g
干酵母…35g
砂糖…13g
热水（40℃）…250g
米糊…2250g
液体酵母P…1000g
无盐黄油…1000g
炼乳…350g
牛奶…1000g
冰水…2000g

成品面团量=13498g

## Process

### 准备 Preparation

将干酵母、砂糖、热水放入盆中，用打发器搅拌混合之后放置6分钟，使其预发酵。

### 和面 Mixing

小麦粉、盐、红糖、黄油↓→L2~3→米糊以外的剩余配料↓→L6·ML10·米糊↓→ML2
和面完成温度 15~16℃

### 打面 Stretch & Fold

打面2（→第174页）

### 冷冻 Freezing

-20℃ 3小时→-3℃ 一晚

### 回温 Warming

常温 3小时

### 分割 Dividing

280g

### 搓团 Preshaping

主食面包搓团1（→第180页）

### 中间发酵 Rest

常温 1小时

### 成形 Shaping

主食面包成形2（→第187页）

### 最终发酵 Final Rise

32℃ 湿度78% 1小时30分钟

### 划痕 Slashing

1条竖线 ▭

### 烘焙 Baking

190℃ 20分钟→180℃ 10分钟

首先将小麦粉、盐、砂糖、黄油充分混合，再加入米糊以外的配料之后开始和面（1、2）。米糊添加之前，充分形成麸质（3）。

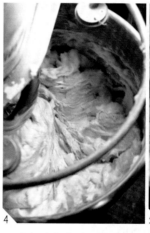 

添加米糊（4），搅拌均匀。含较多淀粉的面团所特有的柔滑、入口即化的和面效果（5）。

发酵前

发酵后

用塑料袋包住之后冷冻。面团膨胀约1.2倍，产生张力。

分小份之后用塑料袋包住（6~10）。此时，紧密包住对面团施加压力，冷冻过程中麸质强化。用塑料袋包住，效果同打面一样。

分割、搓团时，伸展性比
其他主食面包更低，有些
偏硬的感觉（11~13）。

成形过程中每次层叠均用
力压紧，制作分层之后放
入模具（14、15，成形
的详细内容→第187页）。

用塑料袋包住，冷冻发酵过程中施加压力，
面团会变得湿润且强化麸质

最终发酵后的面团膨胀
约1.2倍。烘焙后膨胀
约1.2倍。膨胀率不是
很高（发酵前16，发酵
后17）。

布里欧修面包

## 入口即化的口感，还有鸡蛋及牛奶的清香，
## 如泡芙般柔滑可口

本店的"布里欧修面包"使用放在舌尖就会溶化般柔滑香甜的面团。不仅是主食面包，奶油面包、蜜瓜面包等点心面包中也经常使用。

制作这种面团时，最初的印象就是"充分散发着鸡蛋及牛奶口感的布里欧修"。传统的松软布里欧修面包大量使用黄油及鸡蛋，但蛋白凝固之后就能烘焙出沙沙的口感。并且，为了使面团膨松就需要更多麸质，"麸质味道"也会提前产生，从而抵消掉其他配料口味。我当初为了使其产生泡芙般口感，将其制作成充满牛奶及鸡蛋口味的效果。

因此，尽可能减少麸质含量，使鸡蛋及牛奶口感如点心面包般浓郁，同时实现面包特有的清爽及入口即化。用于切断麸质的就是甘露煮，这种甘露煮是将南瓜放入糖水中浸泡一晚，并放入柜式烤箱烘烤而成。

南瓜是葫芦科中淀粉含量最高的，加入面团中比其他薯芋类更加柔滑。"南瓜口感"并不强烈，但却能有效阻止麸质形成，增加湿润感。并且，通过液体酵母降低酸碱度使麸质软化，形成柔滑、入口即化的面团。

由于尽可能减少麸质，这种布里欧修面包膨胀后冷却一段时间就会稍有凹陷。但是，形状不规则也是其特点之一，不必介意。

事先包入米糖搓团的"布里欧修卷（左）和卷入黄油的布里欧修含盐黄油烧"等小面包也很受欢迎。

我很喜欢"不作为就是作为"这句话，这款面包制作过程正是印证了这句话。通过发酵及烘焙实现各不相同的自然痕迹，看上去十分诱人。

## 配料（下料5kg）

北方之香拼配…5000g
盐…110g
红糖…550g
干酵母…50g
砂糖…10g
热水（40℃）…250g
南瓜甘露煮
（→第161页）…500g
液体酵母R…2000g
蜂蜜…150g
无盐黄油…2000g
鸡蛋…900g
牛奶…1450g
冰水…1500g
补充水…1250g

成品面团量=15700g

在糖水中浸泡一晚之后放入柜式烤箱加热的南瓜。

发酵前

发酵后

打面排出空气之后，冰点以下放置一晚。外观上，冷冻前后基本没有变化。用塑料袋包住持续轻轻施加压力，使其产生张力。

## Process

### 准备 Preparation
将干酵母、砂糖、热水放入盆中，用打发器搅拌混合后放置6分钟，使其预发酵。

### 和面 Mixing
补充水以外的配料↓→
L9・ML12→补充水↓↓↓→
ML5~6
和面完成温度 13℃

### 分割 Dividing
分成4等份之后放入盆中

### 打面 Stretch & Fold
打面3（→第175页）

### 冷冻 Freezing
-3℃ 一晚

### 回温 Warming
常温 3小时

### 分割 Dividing
220g

### 搓团 Preshaping
主食面包搓团2
（→第181页）

### 中间发酵 Rest
常温 30分钟

### 成形 Shaping
主食面包成形3
（→第188页）

### 最终发酵 Final Rise
常温 1小时30分钟

### 烘焙 Baking
190℃ 20分钟→180℃
10分钟

1

补充水以外的配料放入盆中，开始和面（1~3）。由于不想提升温度，最初仅添加冰水。

2

3

4

面团混合之后，冰水及黄油溶化，面团质感变得柔滑（4）。如步骤5所示产生张力之后，补充水。

5

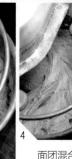

6

补充水之后将面团摊开。再次混合成团，并重复加水。

7

和面完成。外观呈黏稠质感，且有光泽（7）。面团有弹性，易拉伸。

8

## 追求泡芙的入口即化口感，鸡蛋和牛奶的用量也点到即止

面团分成小份之后（9），开始打面。将面团放在台面上，从四个方向折叠（10）。面团呈极其柔软状态的制作关键是按节奏折叠（详细内容→第175页）。

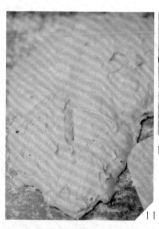

分割、搓团过程中也要避免对面团造成负担（12、13）。

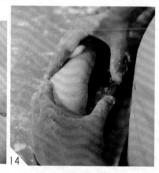

由于是麸质弱的面团，制作成主食面包时注意避免切断面团，同时层叠成形（详细内容→第188页）。

回温后的面团也很柔软。

放入模具后的面团（15）。加入一定量干酵母，常温条件下最终发酵后的面团（16）膨胀约2倍。并且，能基本保证此膨胀程度进行烘焙。

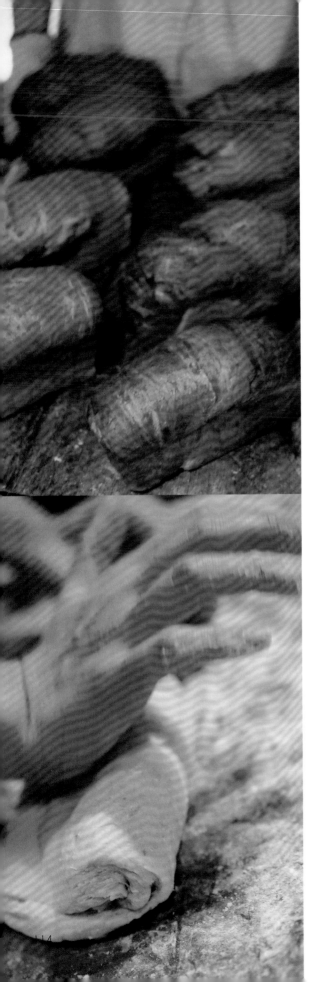

# 利用折入面团，烘焙出粗粒口感

> ### 羊角面包

"羊角面包"在制作时，使用的是两种面团（羊角面团和丹麦面团）制作的主食面包。

制作羊角面团及丹麦面团时，将切下的碎面团揉搓成一团后备用。将这些碎料用擀面杖压平修整之后，按主食面包成形之后放入模具烘焙。面团比其他主食面包更硬，成形时用手腕紧紧压住，使重叠层紧密贴合。于是，按不同方向放入模具的折叠面团在最终发酵及烘焙过程中会向着各个方向膨胀，这种随机烘焙的效果也很有趣。

原本就是卷入很多黄油的面团，所以不涂黄油也很柔软。每天限量供应10个，刚出炉就会卖光。并且，剩下的碎料也能充分利用。

最终发酵前（左）和后（右）。32℃、湿度78%条件下发酵，面团膨胀约1.5倍。烘焙后，膨胀至从模具中弹出的感觉。

# 在面包中注入灵魂

上面已经介绍了很多面团的配方。但是，对我们面包师来说，并不是完全依照配方中的数字来制作面包的。

比方说，尝试使和面后的布里欧修面团变得柔滑。从稍微留有麸质感开始，稍微加点牛奶使麸质消失，如同放在舌尖上即可溶化的感觉，食材口感完全呈现。但是，其实这里只是做了细微调整。

如果想要主食面包的口感好，尝味道并用舌头判断口感是再合适不过的。不只是配方，和面程度、打面强度、发酵效果等，我们平常直接接触面团及尝味道的过程中，一点点重复调整使各工艺达到最佳。

每天不知不觉的小小改进，塑造了最终的美味，这就是本店的制作理念。

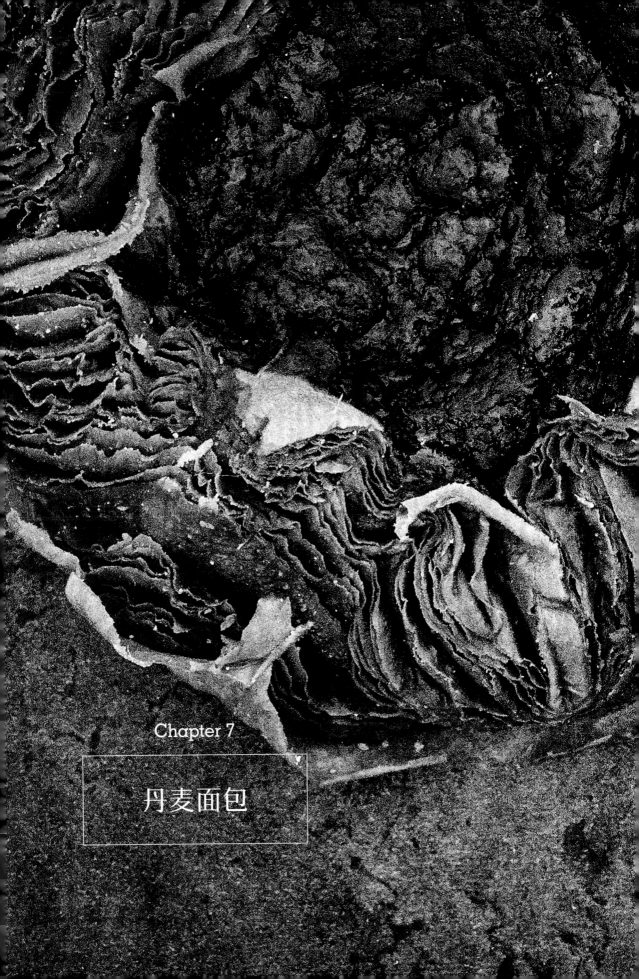

Chapter 7

丹麦面包

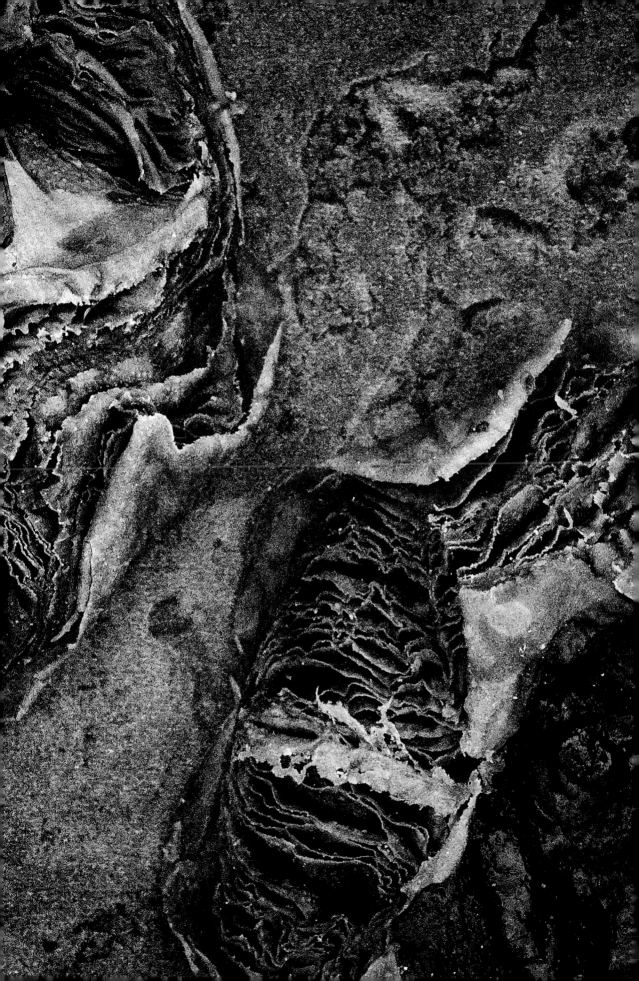

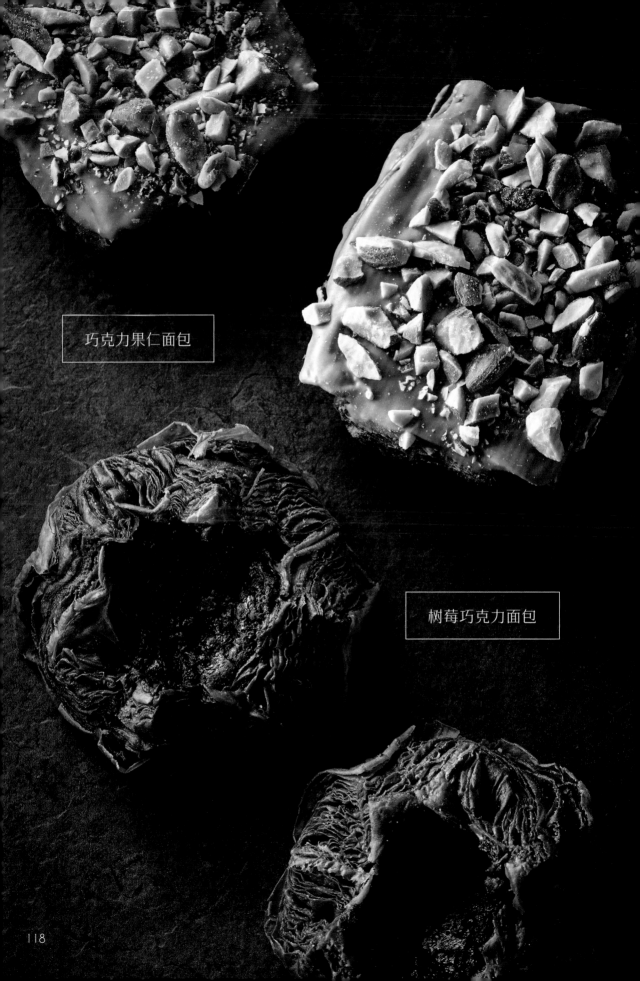

巧克力果仁面包

树莓巧克力面包

## 根据最终发酵的有无及成形，一种面团能有多种变化。
## 蕴藏未知可能的丹麦面包

对我来说，如何做成理想的黄油面团是永远的课题。每当我以为找到答案的时候，其实还是差强人意。丹麦面包、羊角面包的美味之处到底是什么？松软、嚼劲、软糯？我边想边做，不知不觉就试着做出很多面团。

其中之一就是限定周末售卖的"可可派"的面团。手工揉捻制成的含可可粉面团，所以麸质不太强。将其三层折叠3次制作成丹麦面团之后，成形前最终摊薄成2.5mm厚，方便咀嚼。并且，成形后不需要最终发酵，通过烘焙时的热量整齐撑起各层，每一层极其轻薄，烘焙之后酥香可口。包入奶油巧克力酱和树莓的"树莓巧克力面包"，酥香的面团配上柔滑的馅料，香甜又适口。

每天制作的丹麦面包，成形方式及最终发酵不同，口感风味也会不同。如果搭配肉酱、牛肉炖菜等，还要用擀面杖处理到更薄。此外，不用最终发酵直接烘焙，面团纤细松软，同主食的口味融为一体。

此外，将相同面团放入模具中发酵，烘焙之后放上各种应季配料的丹麦面包也是本店常备商品。松软的面包搭配新鲜的水果及奶油，再好不过。

顺便提一下，也有将可可派按普通丹麦面包的3mm厚度制作，烘焙之后外观差不多，但口感偏硬。仅仅0.5mm就有如此差异，让我重新认识到细微厚度变化的影响。如果需要口感更加软绵，或许可以加工得更薄。

脆松饼

将可可派的碎料搓团之后摊薄烘焙的肉桂糖风味点心面包。表面酥香，内含浓郁黄油。

## 巧克力果仁面包
## 树莓巧克力面包

### 配料（下料1kg）

可可派面团
折入用面团
　梦结…600g
　PLUM…400g

A
　┌ 盐…20g
　│ 红糖…100g
　│ 可可粉…50g
　│ 牛奶…530g
　└ 葡萄籽油…40g
　┌ 干酵母…10g
　│ 砂糖…2g
　└ 热水（40℃）…80g
液体酵母R…100g

折入用黄油
　无盐黄油…600g

折入用面团的成品量=1932g

巧克力果仁面包
　奶油巧克力酱（→第148页）…5g
　杏仁奶油…10g
　调温巧克力…适量
　带皮烤杏仁（捣碎）…适量

树莓巧克力面包
　树莓（冷冻）…1粒
　奶油巧克力酱（→第148页）…20g

北海道产无盐黄油，水分少且容易折叠。用擀面杖将称量过的黄油敲打压平，边缘修整之后用擀面杖摊薄之后备用。

## Process

### 准备 Preparation

・用擀面杖敲打折入用黄油，调整为25cm长方形。用塑料袋包住，放入冰箱存放一晚。
・用打发器充分搅拌A配料。
・干酵母、热水、砂糖放入盆中，用打发器搅拌之后放置6分钟，使其预发酵。

### 手工和面 Hand Mixing

充分混合A以外的配料。均匀混合之后放入A配料，开始和面。均匀混合之后，和面完成。
和面完成温度 16℃

### 冷冻 Freezing

−20℃ 3小时→−3℃ 一晚

### 折入 Butter Folding

折三层 3次
摊开成边长约为40cm正方形，包住黄油。
　第1次 摊 开 成120cm×40cm×厚 度8mm，折三层之后放入冰箱冷藏。
　第2次及第3次摊开为分别在30～40分钟后方向转动90°的同时按第1次相同方法折三层之后放入冰箱冷藏。

### 回温 Seating

厚2.5mm 宽40cm

### 分割 Dividing

边长9.5cm正方形

### 冷冻 Freezing

−3℃ 一晚

### 成形 Shaping

巧克力果仁面包：
奶油巧克力酱5g
杏仁奶油10g
树莓巧克力面包：
树莓1粒 杏仁奶油20g

### 烘焙 Baking

175℃ 23分钟

### 装饰 Finishing

巧克力果仁面包：
涂抹融化的巧克力，撒上杏仁。

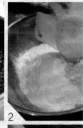

辅料事先用打发器充分搅拌，使其均匀混合（1）。混合全部配料时，从底部翻、动混合（2、3）。

从盆中取出面团，修整为边长约25cm正方形，用塑料袋包住放入冰箱冷冻（5、6）。存放一晚促进面团的水合，使其容易拉伸。用压面机压成边长40cm的正方形。

将正方形面团调转90°放在压面机台面上，用擀面杖在放黄油的位置标记（8）。对照标记放上黄油，并包住（9）。从上方用擀面杖压紧，使面团的接缝紧密接合（10）。打开压面机将面团压成120cm×40cm，折三层（11）。用擀面杖轻轻擀面团，再用塑料袋包住放入冰箱（折入的详细内容→第189页）。

30~40分钟后，同样折三层。总共3次折三层。　　压成厚度2.5mm、宽40cm，并用擀面杖卷起之后放在台面上。

使用滚刀切成宽度9.5cm宽度（16）。将2片带状面团捏合，切成长边为9.5cm的长方形。在此状态下用保鲜膜包住，放入冰箱冷冻（17）。

摊薄之后口感酥香、含可可的面团

18  19  20  21

巧克力果仁面团的成形。将奶油巧克力酱涂抹在面团中央，放上调整为9.5cm棒状的杏仁奶油（18），左右对合（19）。

树莓巧克力面包的成形。将树莓和奶油巧克力酱放在面团中央，四角在中心对合（20）。空开间隔，摆放在台面上（21）。

22  23  24

烘焙过程中，对合位置及折叠层展开，与刚成形之后的形态不同。

图为巧克力果仁面包烘焙完成的状态（23）。大致散热之后翻面，平整的底面朝上摆放。涂抹化巧克力，撒上烤杏仁碎末（24）。

## 脆松饼

**配料**

> 可可派的碎料面团…适量
> 巧克力豆…适量
> 碎核桃仁…适量
> 肉桂糖*…适量

\* 600g砂糖和30g肉桂粉充分混合制成。

1  将可可派的碎料面团切成边长为1.5cm正方形。
2  同巧克力豆、核桃仁、肉桂糖充分混合成一团，分割成85g之后搓成丸子。
3  摆放在台面上，常温条件下最终发酵2小时。
4  用手按压调整为扁圆形，从上方撒入肉桂糖，200℃条件下烘焙18分钟。

## 丹麦面包的面团

配料（下料3kg）

折入用面团
PLUM…1500g
梦力…1500g
盐…60g
红糖…270g
┌ 干酵母…30g
│ 砂糖…6g
└ 热水（40℃）…300g
液体酵母P…150g
19世纪法棍的面团…750g
无盐黄油…300g
冷水…1260g
折入用黄油
无盐黄油…600g×3片

折入用面团的成品量=6126g

I 准备配料
①用擀面杖敲打折入用黄油，修整成边长为25cm的方形。用塑料袋包住，放入冰箱冷藏一晚。
②将干酵母、砂糖、热水放入盆中，用打发器充分混合之后放置6分钟，使其预发酵。
③冷水放入盆中，盆底浸泡在冰水中，使其冷却至0～5℃。
2 折入用黄油以外的配料全部放入和面机盆中，低速和面4分钟，中低速和面1分钟。和面完成温度为15～16℃。
3 三等分之后放入烤盘。
4 搓团之后修整表面。从四个方向朝向中心折入。对合位置朝向下方，静置20分钟。
5 用擀面杖压成边长25cm正方形，并用塑料袋包住。
6 放入-3℃的冷冻室内，存放4～5小时。
7 按照第120页～121页的步骤7～13的要领包住黄油，折三层，折3次。
8 放入冰箱之后，对照成品形状（各种丹麦面包的配方见第162页～第167页），压成3～3.5mm厚度，切开。

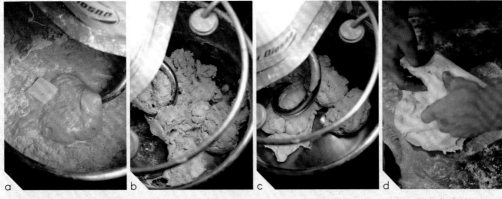

刚开始以低速均匀混合配料（a、b）。粉状消失之后提升转速，面团混合一体之后和面完成（c）。

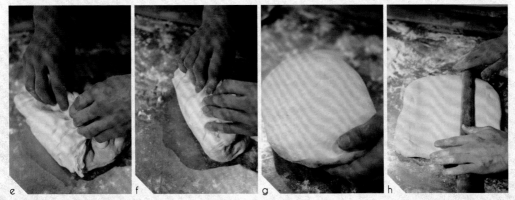

面团从内（d）和外（e）折入中央，接着对折（f）。平整面朝上静置（g），用擀面杖轻轻按压，修整成正方形（h）。

Chapter 8

Pain Stock · 全系产品

# 将畅销面包整齐摆放展示，
# 形成每次来都让人兴奋的空间效果

各种点心面包是日本面包店最常见的面包种类。本店最受欢迎的就是"明太子法式面包"，奶油面包、芝士面包等也很受欢迎。并且，我和店员们还会继续创新各种面包。

我希望每位客人在打开本店大门之后都能充满喜悦。每位客人都能对本店的面包留下深刻印象，都喜欢吃我们的面包。不仅如此，还要使客人对我们的面包充满想象和期待，为他们制作出全新的面包。比如同样是奶油面包、蜜瓜面包，改变面团的配方进行各种尝试，面包种类就会逐渐增加。

并且，同面团的配方一样，每天观察状态的同时对配料进行微调，同一种面包或许每天都在升级改进，今后也会有更多创新。

此外，考虑到效率，尽可能控制面包的种类，这也是每天必要的工作。但是，如果每天都有新款面包摆放在柜台，客人也好，店员也好，是否都会很开心？

本书介绍的面包仅限日常供应的品种，并未网罗所有，包括各种三明治、蛋挞等均未囊括在内，实际本店售卖的品种还有很多。此外，有些面包仅在上午或下午烘焙一炉，有些面包仅在周日售卖。之前整理过本店的面包种类，居然达到一百多种，颇为感慨。

今后，本店还会有很多新款面包。无论来多少次，都会有新的发现。并且，许多客人也有自己始终喜爱的面包，这些面包我们也会继续售卖。

九州产白色黄油没有奶腥味，口舌不会感到不适。即使大量使用，口感也不会太腻。蛋黄酱内含海带鲜味，使面团更加鲜香。

将黄油+蛋黄酱和基本等量的明太子混合，制作成淡粉色的奶油。

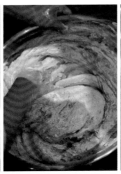

## 明太子法式面包

福冈特产明太子和自制蛋黄酱、九州产黄油混合，制作成19世纪法棍。最后再次用烤箱烘焙，使面包皮焦黄酥脆，面包瓤松软喷香。吃一口就停不下来，很多人都喜欢。

## 小明太子面包

少量品尝时的小尺寸明太子法式面包。将法棍面团加工成鲍鱼形状，柔软的面包瓤比例增加，更适口。

## 明太子儿童面包

为满足我女儿的需求而制作，因此命名为"明太子儿童面包"，可做成脆香的法式田园风明太子三明治。

每天制作几百个明太子法式面包，装饰处理所有员工都可以做。

制作方法→第132页　131

## 明太了法式面包

配料

> 19世纪法棍（→第57页）…1根
> 明太子奶油…50g+15g
> 黑胡椒碎…适量

1　以法棍2/3厚度倾斜加入切口，加入50g明太子奶油。表面涂抹15g，并撒上黑胡椒碎。
2　喷雾之后，以200℃烘焙1～2分钟。

## 小明太子面包

配料

> 19世纪法棍（→第57页）…100根
> 明太子奶油…25g+7g
> 黑胡椒碎…适量

1　将19世纪法棍的面团加工成鲍鱼形状，表面划痕之后，以上火250℃、下火230℃烘焙。
2　倾斜加入切口，喷雾之后，加入25g明太子奶油。表面涂抹7g，并撒上黑胡椒碎。
3　喷雾之后，以200℃烘焙1～2分钟。

## 明太子儿童面包

配料

> 北方之香法式田园风面包（→第68页）…1个
> 明太子奶油…25g
> 黑胡椒…适量

1　将北方之香法式田园风面包水平加入切口，加入明太子奶油，并撒上黑胡椒碎。
2　喷雾之后，以200℃烘焙1～2分钟。

## ■明太子奶油

配料（方便制作的分量）

> 明太子…3000g
> 无盐黄油…2600g
> 蛋黄酱
> ┌ 蛋黄…100g
> │ 米醋…50g
> │ 蜂蜜…40g
> │ 芥末粒…25g
> │ 海带（粉末）…20g
> └ 菜籽油…1000g

1　制作蛋黄酱。
　①菜籽油以外的配料放入食品处理机中充分搅拌。
　②整体混合之后，慢慢加入菜籽油并搅拌。
2　黄油恢复常温，用手充分搅拌使其变软。
3　在步骤2黄油中依次加入步骤1的蛋黄酱、明太子，均匀混合。

# 任何面包都美味极致

"你是不是也不想制作明太子法式面包?"开业多年之后,同行的前辈这样问过我。

当时,明太子法式面包已成为本店的招牌商品。但是,只有"B级"的明太子法式面包居然畅销,作为面包师能有成就感吗?

确实如此,我本身就喜欢追求面团本身的口感,并努力为此不断提升法棍的品质。如果法棍能够畅销,自然乐此不疲。虽然说是B级面包,但通过一流技术也能产生不同寻常的效果。

但是口味单一的传统法棍很难卖出去,那就改良成明太子法式面包,从而就塑造了本店每天售卖几百个的明星商品。而且,达到一定数量之后,我们的技术也更加娴熟,同种面包也能更加美味。

明太子法式面包经过多年升级才有了今天的口味。比如明太子原料刚开始从市场直接采购,后来每天使用量多了,现在不但从生产商处直接采购,还会要求提供尽可能不使用添加剂的明太子且专供给我们店。蛋黄酱也是自制的,醋是京都的"千鸟醋",油采购精制的菜籽油。逐渐改善升级之后,才有了今天的明太子法式面包。并且,今后还会有改善的空间。

畅销的黑麦面包、很多人喜欢的点心面包等都是同样道理,每一种面包都很美味。看似普通的面包,其中饱含许多人的用心付出。而且,任何面包都是从昨天到今天,又从今天到明天,日复一日探求美味之道。

封口朝上放在烤盘上，放入烤箱中。

## Pain Stock面点师面包

有着主食面包的软香，里面的奶油也香甜可口。手工包住的痕迹保留，烘焙之后呈现自然、朴素效果。

## 贝壳面包

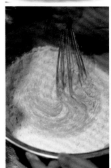

含黄油的主食奶油面包，用模具烘焙成贝壳形状。含砂糖的奶油，吃一口回味浓香。

## 葡萄干红茶奶油面包
## 精品红茶奶油面包

浓香红茶奶油，红茶配牛奶煮制而成。用葡萄干经典白吐司及布里欧修的面团包裹，撒上糖粉更是让人嘴馋。

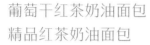

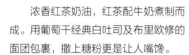

用模具烘焙的奶油面包。

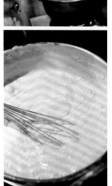

## 经典白吐司
## 奶油面包

少见的含葡萄干的奶油面包，葡萄干的酸甜口味是点睛之笔。

制作方法→第136页

## Pain Stock面点师面包

配料

德国面包的面团（→第98页）…55g
卡仕达酱…55g

1　使用德国面包的面团包裹卡仕达酱，封口面朝上放在烤盘上。
2　以32℃、湿度78%条件下，发酵1～1.5小时。
3　放入烤箱，以200℃烘焙12分钟。

## 贝壳面包

配料

法国面包的面团（→第102页）…40g
卡仕达酱…40g

1　使用法国面包的面团包裹卡仕达酱，封口面朝上放入贝壳模具中。
2　以32℃、湿度78%条件下，发酵1～1.5小时。
3　放入烤箱，以200℃烘焙12分钟。从模具中取出，贝壳花纹面朝上，待其冷却。

## 葡萄干红茶奶油面包

配料

经典白吐司的面团（→第84页）…70g
红茶卡仕达酱…40g
糖粉…适量

1　使用经典白吐司的面团包裹红茶卡仕达酱，封口面朝下放入深圆形模具中。
2　以32℃、湿度78%条件下，发酵1～1.5小时。
3　放入烤箱，以200℃烘焙12分钟。
4　从模具中取出，待其冷却，撒上糖粉作为装饰。

## 精品红茶奶油面包

配料

布里欧修面包的面团（→第110页）…40g
红茶卡仕达酱…40g　　糖粉…适量

1　使用布里欧修面包的面团包裹红茶卡仕达酱，封口面朝下放入深圆形模具中。
2　以32℃、湿度78%条件下，发酵1～1.5小时。
3　放入烤箱，以200℃烘焙12分钟。
4　从模具中取出，待其冷却，撒上糖粉作为装饰。

## 经典白吐司奶油面包

配料

经典白吐司的面团（→第84页）…70g
卡仕达酱…40g

1　使用经典白吐司的面团包裹卡仕达酱，封口面朝下放入直径6.5cm的圆形模具中。
2　以32℃、湿度78%条件下，发酵1～1.5小时。
3　放入烤箱，以200℃烘焙12分钟。

### ■卡仕达酱

配料（方便制作的分量）

| | |
|---|---|
| 蛋黄…800g | 玉米淀粉…20g |
| 砂糖…400g | 牛奶…2800g |
| 红糖…400g | 脱脂浓缩奶…300g |
| 低筋粉…160g | 无盐黄油…40g |

1　砂糖混入蛋黄中，接着加入红糖，搅拌均匀。
2　将低筋粉和玉米淀粉混合之后过筛，加入步骤1配料中混合均匀。将牛奶及脱脂浓缩奶加热至40℃，分两次加入步骤2配料中，搅拌均匀。
3　将步骤3配料过滤之后放入铜锅内，用中火加热。加热9分钟达到70℃之后，转大火加热12分30秒，使温度上升至80℃。沸腾之后，充分搅拌除去涩味。加入黄油混合均匀，变成鲜亮的奶油色泽之后关火。

### ■红茶卡仕达酱

配料（方便制作的分量）

卡仕达酱…上述配料
牛奶…200g
红茶的茶叶（伯爵茶）…15g

1　红茶加入牛奶中，加热至50℃以上。
2　关火，20～30分钟之后过滤。
3　在卡仕达酱的配料中加入步骤2的红茶牛奶，用同样方式制作奶油。

# 关于奶油面包的记忆

我非常喜欢奶油面包，店内也有几种不同面团的奶油面包。其中，Pain Stock面点师面包是一款充满记忆的面包。

这款面包就像小时候姐姐从附近面包店买回来的奶油面包，也是凭着回忆制作出来的。想要重现当时的软糯口感面团，就从口感筋道的"德国面包"开始尝试，但刚开始面团总是破裂。这种面团经过长时间熟化，延展性不好，恐怕不适合包裹馅料。但是，我仍然使用这种面团和奶油的组合并尝试过许多次，功夫不负有心人，最终还是成功了。

成形后将通常朝下的封口面刻意朝向上方进行最终发酵，发酵过程中及时晃动奶油，封口就会自然展开，并从内侧释放压力。而且，展开的封口在发酵后重新捏合就能恢复原状，烘焙过程中也基本不会破裂。成功之后欢欣喜悦，所以在命名时就加上了店名。

## 核桃红豆面包

使用含核桃仁的浓郁法棍面团制作的红豆面包，用果仁搭配红豆。用烤盘夹住烤成扁平状，面团更加浓香。

## 红豆面包

用含米糊的面团制作的红豆面包，让人想起梅枝饼。为了保留红豆的原味，使用自制红豆馅。

## 巴黎蜜瓜面包

表面酥香的泡芙奶油风味蜜瓜面包。底料使用含大量黄油的主食面包的面团，面团整面撒砂糖，烘焙出酥香口感。

## 葡萄干蜜瓜面包

葡萄干经典吐司的面团卷入切碎黄油和糖粉，制作成蜜瓜面包。烘焙后甜香的黄油化开，馅料柔滑浓香。

## 精品蜜瓜面包
## 精品蜜瓜巧克力面包

用巧克力和蜜瓜搭配而成的面包。

使用自制面包粉和巧克力豆，顶部装饰物不同，口感也不同，视觉效果更丰富。

裹上自制粗面粉，口感酥香浓郁。用杏仁粉自制的蜜瓜面团也是本店秘方。

制作方法→第140页及第141页

## 红豆面包

配料

日本面包的面团（→第106页）…40g
红豆粒…40g
黑芝麻…适量

1 使用日本面包的面团包裹红豆粒，封口朝下放入直径6.5cm的圆形模具中。
2 黑芝麻作为顶部装饰。
3 以32℃、湿度78%条件下，发酵1～1.5小时。
4 放入烤箱，以200℃烘焙12分钟。

## 核桃红豆面包

配料

核桃面包的面团（→第62页）…70g
红豆粒…70g
核桃仁…1片

1 使用核桃面包的面团包裹红豆粒，封口朝下放入烤盘中。
2 核桃仁作为顶部装饰。
3 以常温条件下，发酵1～1.5小时。
4 上方压一个烤盘施加重力，以200℃烘焙15分钟。

### ■红豆粒

配料（方便制作的分量）

蒸红豆（粒）…4500g
过滤红豆…500g
琼脂…8g
A
┌ 红糖…1750g
│ 蜂蜜…500g
│ 水…500g
│ 琼脂…2g
└ 盐…25g
葡萄籽油…150g

1 将A的配料放入铜锅中，充分混合。
2 加入红豆和过滤红豆，上方撒8g琼脂。开大火煮沸之后混合，再次煮沸之后转小火煮约30分钟。煮制过程中不要收汁太多。
3 添加葡萄籽油混合均匀。

## 巴黎蜜瓜面包

配料

法国面包的面团（→第102页）…50g
蜜瓜面团…1片
砂糖…适量

1 将法国面包的面团搓团，放上撒过砂糖的蜜瓜面团。
2 以常温条件下，发酵2小时。
3 放入烤箱，以195℃烘焙13分钟。

## 精品蜜瓜面包

配料

布里欧修面包的面团（→第110页）…50g
蜜瓜面团…1片
自制面包粉*…适量

* 将法国面包的碎料放入食品处理机中打碎制成。

1 将布里欧修面包的面团搓圆，放上撒过面包粉的蜜瓜面团。
2 以常温条件下，发酵2小时。
3 放入烤箱，以195℃烘焙13分钟。

## 精品蜜瓜巧克力面包

配料

巧克力布里欧修面包的面团（→第148页）…60g
蜜瓜面团…1片
巧克力豆…适量

1 将巧克力布里欧修面包的面团搓圆，放上撒过巧克力豆的蜜瓜面团。
2 以常温条件下，发酵2小时。
3 放入烤箱，以195℃烘焙13分钟。

## 葡萄干蜜瓜面包

### 配料

经典白吐司的面团（→第84页）…70g
切块的含盐黄油…1.5g×2个
糖粉…适量
蜜瓜面团…1片
砂糖…适量

1 使用经典白吐司的面团包裹切块黄油和糖粉，放上撒过砂糖的蜜瓜面团。
2 以常温条件下，发酵2小时。
3 放入烤箱，以195℃烘焙13分钟。

## ■蜜瓜面团

配料（方便制作的分量）

低筋粉…1800g
杏仁粉*…240g
砂糖…1200g
无盐黄油…900g
鸡蛋…840g

\* 将带皮杏仁放入烤箱干烤，再用食品处理机打成细粉状即可。

1 黄油恢复常温，使其变软。加入砂糖，捣碎混合。将搅拌均匀的蛋液分4次添加，均匀混合。
2 混合添加低筋粉及杏仁粉，混合至无粉状。
3 擀压成3mm厚度，并用直径9cm的圈状模具切整齐。

# 在制作梅枝饼的过程中学习面包制作

　　高中及大学时期的年末和年初，长达7年时间我都在地元太宰府的梅枝饼店打工。由于当时的经历，我很喜欢红豆馅。自己独立开店时，想要采购适合制作面包的红豆馅，找了很多家日式点心店才找到满意的红豆馅料。第一次提出请对方供货馅料却被拒绝，协商很久才同意供货，对我来说也是充满回忆的。

　　这种红豆皮薄、风味浓醇。为了控制甜度以保留"豆味"，采购蒸过的红豆和过滤红豆馅之后自制。甜度降低后质地松散，常温时的凝固度通过琼脂调整。最后添加葡萄籽油，使馅料质感接近面团，相互融为一体。

　　并且，制作面团时也借鉴了当时打工的经验。制作梅枝饼的面团使用两种糯米粉拼配制成，首次加水为总量的60%，之后慢慢加水，并根据手感进行调整。和面过度会导致面团烘焙后变得硬邦邦，快速和面是关键。

　　仔细想想，这种感觉同用手确认面包状态时并无差异。淀粉作为面团骨架的制作思路，其实也是起源于梅枝饼。

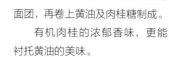

## 有机肉桂面包卷

使用甜香松软的法国面包的面团，再卷上黄油及肉桂糖制成。

有机肉桂的浓郁香味，更能衬托黄油的美味。

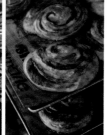

## 面包卷

使用各种主食面包的面团制作的面包卷，稍微花点心思就能变得丰富多彩。德国面包卷、日本面包卷就是在用餐时适合做成三明治的扁平圆面包。用布里欧修、葡萄干面包卷制作成内含黄油及砂糖的黄油焦糖风味，适合当作零食，甜香、多油。

| 德国面包卷 | 日本面包卷 | 布里欧修面包卷 | 葡萄干黄油咸味面包卷 |

## 甜心吐司

鲜艳焦糖色的表面就是美味的证明。两面涂抹蜂蜜黄油，单面撒上砂糖，烤过之后更加酥香。

## 法国吐司

在蛋液中浸泡一晚的法棍厚切片，入口浓香多汁。面包瓤松软香甜，面包皮有嚼劲。制作简单，但好吃不腻。

制作方法→第144页及第145页

## 有机肉桂面包卷

配料（可制作25或26个）

法国面包的面团（→第102页）···1650g
肉桂糖*1···约280g
无盐黄油···适量
切块含盐黄油···750~780g，每个面包用3g
糖汁*2···适量

*1 在600g砂糖中放入30g肉桂粉，充分混合制成。
*2 在405g砂糖和300g水调制的糖汁中混入120糖粉和80g热水（40℃）制成。

1 用擀面杖将法国面包的面团擀开，制成50cm×30cm的片状。靠内2/3部分撒上肉桂糖，靠外1/3部分折入内侧。从内侧折入1/3时，折三层。
2 将步骤1的面团擀开成65cm×35cm。整面涂上黄油，撒上肉桂粉，从内侧紧密卷起。
3 用切面包刀划出小口。每个80~85g。
4 切面朝上放在烤盘中，常温条件下发酵2小时。
5 放上切块黄油，以200℃烘焙12分钟。
6 烘焙完成后，涂上汤汁。

## 德国面包卷

1 将德国面包的面团（→第98页）分割成80g。
2 搓团（→第178页"小面包搓团"）。
3 封口朝下，以32℃、湿度78%条件下发酵2小时。
4 用剪刀剪开顶部，放入烤箱，以200℃烘焙12分钟。

## 日本面包卷

1 将日本面包的面团（→第106页）分割成50g。
2 搓团（→第178页"小面包搓团"）。
3 封口朝下，放入直径6.5cm的圆形模具中。
4 在32℃、湿度78%条件下，发酵1.5小时。
5 放入烤箱，以200℃烘焙12分钟。

## 布里欧修面包卷

1 将布里欧修面包的面团（→第110页）分割成50g。
2 中心放上3g糖粉之后卷起，搓团（→第178页"小面包搓团"）。
3 封口朝上放入直径6.5cm的圆形模具中，表面撒上几粒糖粉。
4 以32℃、湿度78%条件下，发酵1.5小时。
5 放入烤箱，以200℃烘焙12分钟。

## 葡萄干黄油咸味面包卷

1 将经典白吐司的面团（→第84页）分割成70g。
2 中心放上3g切块含盐黄油和3g糖粉，将四边卷起后搓团。
3 封口朝上放入直径6.5cm的圆形模具中，表面撒上几粒糖粉。
4 以32℃、湿度78%条件下，发酵1.5小时。
5 放入烤箱，以200℃烘焙12分钟。

## 法国吐司

配料

19世纪法棍（→第57页）···适量
蛋液···按以下配方适量取用

A — 牛奶···2000g
蜂蜜···200g
红糖···200g

B — 蛋黄···500g
鸡蛋···600g

无盐黄油···160g

1 调制蛋液
　①将A开火加热，用打发器边搅拌边加热至40℃。
　②将黄油化开，并添加搅拌均匀的B。
　③将步骤②配料过滤之后加入步骤①配料中充分混合。
2 将19世纪法棍切成3cm左右厚度。
3 将步骤2法棍浸入步骤2蛋液中。30分钟后翻面，放入冰箱冷藏一晚。
4 沥干步骤3的汁水，放在铺着烤箱纸的烤盘上，以180℃烘焙22分钟。

## 甜心吐司

配料

法国面包（→第102页）…适量
蜂蜜*…适量
砂糖…适量

* 蜂蜜和等量的无盐黄油均匀混合制成。

1　将法国面包切成2.7cm厚度。
2　步骤1面包片两面涂上蜂蜜黄油。一面充分撒上
　　砂糖。
3　砂糖面朝下放在铺着烤箱纸的烤盘中。
4　放入烤箱，以180℃烘焙19分钟。

## 巧克力棒

"没有炸过的炸面包"，这是本店原创。
独特的脆香口感，撒上粗粒全麦粉，涂上油
之后烤制而成。用力咬下之后，卷入其中的
巧克力满口留香。使用法棍面团，口感清新。

19世纪法棍的面团
中用手撒上可可粉及
黄油，制作成色泽鲜
亮的巧克力质感。

使用足量巧克力豆，烘焙之后还有奶油香味。

## 浓情巧克力面包

用入口即化的柔滑巧克力布里欧修面团制作成巧克力面包，如同包裹着奶油巧克力的蛋糕口感。表面用松脆的猫舌头饼干面团和浓香杏仁点缀。

加入可可粉、巧克力豆、黑醋栗的巧克力布里欧修面团，散发着水果及可可的香味。

奶油巧克力酱、猫舌头饼干、杏仁组合而成的丰富口感。

制作方法→第148页

## 巧克力棒

配料（9个用量）

> 19世纪法棍的面团（→第57页）…480g
> ┌ 可可粉*…18g
> └ 热水（40℃）*…40g
> 无盐黄油…45g
> 葡萄籽油…15g
> 巧克力豆…1小撮/1个
> 糖粉…几粒/1个
> 粗粒全麦粉（水车印）…适量
> 橄榄油…适量

\* 事先用热水溶化可可粉。

1　19世纪法棍的面团、溶化可可粉的热水、黄油、葡萄籽油放入盆中，用手握紧面团边撕开边搅拌均匀。
2　常温条件下放置30分钟。
3　从盆中取出，开始打面（→第175页"打面3"）。
4　常温条件下发酵7~8小时。放入冰箱冷藏，发酵一晚。
5　从冰箱中取出面团，分割成65g。
6　修整为扁平正方形，放上巧克力豆和糖粉，从内侧开始卷起。
7　常温条件下发酵15分钟。
8　表面撒上粗粒全麦粉，涂上橄榄油，放入烤箱以200℃烘焙15分钟。

## 浓情巧克力面包

配料

> 巧克力布里欧修面包的面团…55g
> 奶油巧克力酱…15g
> 猫舌头饼干面团…15g
> 带皮切碎的烤杏仁…适量

1　用手心将巧克力布里欧修面团压平，包裹奶油巧克力酱之后封口。
2　封口朝下，放入直径为6.5cm的圆形模具中。
3　常温条件下，发酵40~60分钟。
4　将猫舌头饼干面团放入裱花袋（使用直径1cm的圆裱花嘴）内，呈螺旋状挤在步骤3配料上。
5　表面撒上杏仁，放入烤箱，以200℃烘焙16分钟。

### ■巧克力布里欧修面团

配料

> 布里欧修面包的面团（→第110页）…3200g
> ┌ 可可粉*…80g
> └ 热水（40℃）*…160g
> 巧克力豆…400g
> 黑醋栗干…100g

\* 事先用热水溶化可可粉。

1　所有配料放入和面机盆中，低速和面。充分混合之后，和面完成。
2　均匀分成两份之后放入盆中，30分钟后开始打面（→第175页"打面3"）。
3　放入调至-3℃的冰箱冷冻，存放一晚。
4　从冰箱中取出，常温条件下放置3小时使其回温。
5　根据用途进行分割，并成形。

### ■奶油巧克力酱

配料（方便制作的分量）

> 调温巧克力（半甜）…500g
> 牛奶…200g
> 鲜奶油（乳脂含量为38%）…150g
> 无盐黄油…50g

1　牛奶、鲜奶油混合之后开火，加热至80℃。
2　巧克力捣碎之后放入盆中，隔水加热至化开，加入黄油充分混合。
3　分多次将步骤1配料加入步骤2盆中，用塑料勺慢慢搅拌至产生光泽。

### ■猫舌头饼干面团

配料（方便制作的分量）

> 低筋粉…400g
> 糖粉…400g
> 蛋清…400g
> 无盐黄油…400g

1　黄油恢复常温，使其变软。加入糖粉，充分混合。
2　慢慢加入已搅拌均匀的蛋清，充分混合。分离之后交替慢慢加入低筋粉和蛋清，将所有配料混合均匀。

# 始终抱有"不明白"的心态

我在东京一家面包店打工时的同事浅野正己不仅是一个面包师，还是餐厅的主厨。正因如此，他的一些大胆做法对普通面包师来说很不可思议。但是，他认为："为什么不能这样做？""如果真的能够试出新的美味，尝试一下有问题吗？"正是这样一遍遍地反问，动摇了我固有的认知。

有一天，主厨出身的店长（浅野正己）说："表皮如炸过一样酥脆，但内瓤柔软，这样的面包到底有没有？"话说回来，面包瓤如果柔软，面包皮也就是软的，这种矛盾的想法能成为现实吗？

从那以后过了14年左右，差不多是最近的事了。在家里烤猪肉之前在表面裹粉时突然想到，面包是不是也能这样处理？如果采用制作法式料理时使用的喷油方式烘焙面包，会有怎样的效果？实际尝试操作，烘焙效果居然还不错。这时候，想起浅野店长当年提的那个问题，"这就是最好的答案！"时隔14年，终于找到了答案。虽然用了很长时间，但结果令人欣慰。此后，以此为基础制作出更接近点心面包口感的"巧克力棒"。

如果自己认为"不可能"，一切到此为止。即使无法找到答案也没有关系，但应始终抱有探究的心态，或许某一天就会发现答案。这就是面包给我的人生体会。

## 根菜皮挞饼
## 鸡肉蔬菜皮挞饼

使用制作土豆面包时的手工面团制作的扁面包，含大量土豆泥。放上鸡肉、蔬菜一起烘焙，营养均衡又好吃。

## 番茄芝士椰子咖喱面包

使用大量蔬菜制作的爽辣可口的咖喱面包。表面也撒上咖喱粉，入口瞬间满满香辛味。

## 牛颊肉咖喱面包

包裹着筋道丰富的欧式咖喱，孩子也适合吃的"不辣咖喱面包"。撒上面包粉，淋上橄榄油之后烘焙，只需烘焙就能呈现油炸面包口感。

## 意大利蔬菜面包

这款面包是在我的面包店开业之后与我一起共事6年、目前是"松面包"店主的松冈裕嗣设计的一款面包。罗勒、芝士、生火腿配上番茄，将好吃的意大利食材包裹在一口大小的小面包内。

制作方法→第152页及第153页

## 根菜皮挞饼

### 配料

手工和面的土豆面团（→第95页）…70g
根菜（牛蒡、胡萝卜、莲藕）
茄子
番茄
鸡腿肉
蔬菜杂烩*
土豆泥
蛋黄酱
芝士碎、芝士粉、咖喱粉、百里香 …各适量

\* 蒜瓣及辣椒切碎、切小段的猪肉及培根、洋葱、胡萝卜、水芹菜依次放入锅中，充分炒制。再加入用其他锅炒过的茄子、西葫芦、彩椒、番茄酱、牛至粉、月桂、盐、胡椒、虾壳（放入茶包中）煮1小时，直至黏稠。

1. 蔬菜均预处理之后切碎方便食用。莲藕切片。
2. 牛蒡、胡萝卜、莲藕蒸煮。茄子撒上适量印度咖喱粉，用平底锅煎。
3. 鸡腿肉撒上适量盐，用平底锅双面煎，并切成一口大小。
4. 手工和面的土豆面团按成扁圆形，四周稍微增加厚度。
5. 涂上土豆泥、蛋黄酱，摆上茄子、牛蒡、胡萝卜、番茄。放上鸡腿肉、蔬菜杂烩，莲藕放在最上方。
6. 放上百里香。撒上芝士碎、芝士粉，常温条件下发酵15分钟左右。
7. 放入烤箱，以200℃烘焙12分钟。

## 鸡肉蔬菜皮挞饼

### 配料

手工制作的土豆面团（→第95页）…70g
土豆泥
鸡腿肉
贝夏梅尔调味酱
西蓝花
蔬菜杂烩
芝士碎、熏鸡香辛料、盐…各适量

1. 鸡腿肉撒上熏鸡香辛料和盐（均适量），腌制一晚。

2. 用平底锅将步骤1的鸡腿肉两面煎，并切成一口大小。
3. 将西蓝花切开。
4. 将手工和面的土豆面团制作成扁圆形，四周稍微增加厚度。
5. 涂上土豆泥，放上鸡腿肉、西蓝花，浇上贝夏梅尔调味酱、蔬菜杂烩。
6. 撒上芝士碎，常温条件下发酵15分钟左右。
7. 放入烤箱，以200℃烘焙12分钟。

### ■贝夏梅尔调味酱

#### 配料（方便制作的分量）

低筋粉…320g
无盐黄油…320g
牛奶…4000g
盐…12g
白胡椒…4g

1. 铜锅中放入无盐黄油，小火加热至化开。低筋粉过筛之后加入锅中，混合均匀。
2. 分3次加入牛奶，每次加入时搅拌均匀。
3. 低筋粉加热均匀，浓稠之后关火。
4. 用盐及白胡椒调味。

## 番茄芝士椰子咖喱面包

### 配料

法国面包的面团（→第102页）…50g
椰子咖喱…50g
小番茄…1个
芝士碎…5g
咖喱粉…适量

1. 法国面包的面团制作成扁圆形，包裹住椰子咖喱、小番茄、芝士碎。
2. 撒上咖喱粉，封口朝下放入直径10cm的星形模具中。
3. 以32℃、湿度78%，发酵1.5小时。
4. 放入烤箱，以200℃烘焙12分钟。

## ■椰子咖喱

配料（方便制作的分量）

> 肉末
> 洋葱
> 萝卜
> 胡萝卜
> 茄子
> 青椒
> 丛生口蘑、杏鲍菇
> 蒜瓣
> 咖喱汤*
> 酱油、菜籽油　　　……各适量

> \* 锅底刷菜籽油，放入红咖喱酱、丁香、孜然、香菜一起炒（A）。将椰奶、彩椒粉、海带茶、鱼露、红糖、水混合，分4～5次加入A中，最后加入月桂煮收汁至变得黏稠。

1　蔬菜切成一口大小，蒜瓣切碎。
2　锅中刷上菜籽油，炒肉末及蒜瓣。加入步骤1的蔬菜，继续炒。
3　用其他锅准备咖喱汤，加入步骤2的肉和蔬菜，稍微煮一下。最后，用酱油调味。

### 牛颊肉咖喱面包

配料

> 日本面包的面团（→第106页）…40g
> 牛脸颊肉咖喱…40g
> 橄榄油…适量
> 自制面包粉（→第140页）…适量

1　在直径6.5cm的圆形模具中涂抹足量橄榄油。
2　用日本面包的面团包裹牛脸颊肉咖喱，封口朝上放入步骤1的模具中。
3　以32℃、湿度78%条件下，发酵1小时。
4　即将烘焙前，表面涂抹橄榄油，撒上面包粉，放入烤箱，以200℃烘焙12分钟。

## ■牛颊肉咖喱

配料

> 洋葱
> 胡萝卜
> 芹菜
> 棕色蘑菇
> 鸡腿肉
> 牛脸颊肉
> 咖喱粉（成品）
> 苹果酱（→第165页）
> 水
> 菜籽油　　　……各适量

1　洋葱切片，胡萝卜、芹菜、棕色蘑菇、鸡腿肉、牛脸颊肉切成一口大小。
2　洋葱片放入刷过菜籽油的锅内，炒至上色。加入步骤1切好的其他配料，继续炒。
3　倒入浸没所有配料的水，开始煮。舀掉浮沫。
4　配料加热，煮收汁之后放入咖喱饭、苹果酱、水，煮开。

### 意大利蔬菜面包

配料

> 德国面包的面团（→第98页）…35g
> 奶油芝士…10g
> 生火腿…1块
> 小番茄…1个
> 橄榄油…适量
> 罗勒…1片
> 芝士粉…适量

1　将德国面包的面团制作成扁平状，奶油芝士放在中央，上方放入生火腿包住。封口朝上，摆放于小椭圆形模具中。最后，按压放入小番茄。
2　常温条件下发酵40分钟。
3　以200℃烘焙12分钟，烘焙完成后涂抹橄榄油。
4　大致散热，配上罗勒之后撒上芝士粉。

## 香肠芝士面包

软糯的土豆面团面包，卷入香肠及芝士。两端露出的香肠，在店内很是惹眼。

## 培根虾仁面包

小份的培根虾仁，一个人吃正合适。

## 芥末粒猪肉面包

表皮酥脆的多汁猪肉肠，最适合芥末粒的刺激口味。使用法棍面团制作，外形如同热狗。

## 日本香肠罗勒酱面包

源于德国慕尼黑的白香肠，松软可口。成形时涂抹的罗勒酱渗入面团中，使香肠和面团的口味相互融合。

## 凤尾鱼橄榄面包

擀薄的法棍面团中裹上多汁的橄榄，还有凤尾鱼的咸香味渗入其中。如同加料吐司般，口感丰富，可作为零食面包。

制作方法→第156页

155

## 芥末粒猪肉面包

配料

19世纪法棍的面团（→第57页）…55g
猪肉香肠…1根
芥末粒…适量

1 将19世纪法棍的面团擀成扁平四方形。宽度修整为比香肠略长。
2 芥末粒涂抹在面团上，中央放上香肠。卷起面团，裹紧。
3 常温条件下，发酵1小时。
4 划入4条斜杠，以上火250℃、下火230℃烘焙16～18分钟。

## 香肠芝士面包

配料

土豆和迷迭香发酵面包的面团（→第92页）…70g
香肠…1根
芥末粒…适量
芝士碎…适量

1 将土豆和迷迭香发酵面包的面团擀成扁平四方形。宽度调整为比香肠略短。
2 香肠两端稍稍露出，连同芥末粒一起放在面团中央，卷起面团，裹紧。
3 常温条件下，发酵1小时。
4 划入3条斜杠，撒上芝士碎，以200℃烘焙12分钟。

## 培根虾仁面包

配料

19世纪法棍的面团（→第57页）…70g
培根…1片

1 将19世纪法棍的面团擀成扁平四方形。中央放上培根，卷起面团，裹紧。
2 常温条件下，发酵1小时。
3 从左右方向用剪刀倾斜划入4条切口，将面团左右错开，制作成麦穗形状。放入烤箱，以上火250℃、下火230℃烘焙15分钟。

## 日本香肠罗勒酱面包

配料

19世纪法棍的面团（→第57页）…70g
白香肠…1根
罗勒酱（成品）…适量
橄榄油…适量
干罗勒（粉末）…适量

1 将19世纪法棍的面团擀成扁平四方形。涂上罗勒酱，中央放上香肠。
2 卷起面团，裹紧。
3 常温条件下，发酵1小时。
4 划入2条斜杠，以上火250℃、下火230℃烘焙18～20分钟。
5 烘焙完成后涂抹橄榄油，撒上干罗勒。

## 凤尾鱼橄榄面包

配料

19世纪法棍的面团（→第57页）…35g
橄榄塞凤尾鱼（成品）…4粒
橄榄油…适量

1 将19世纪法棍的面团擀成扁平四方形。将橄榄塞凤尾鱼放在中央，排成一列。
2 从内向外折叠面团，用力压紧端部封口。滚动将两端搓尖，折弯成月牙形。
3 常温条件下，发酵1小时。
4 放入烤箱，以上火250℃、下火230℃烘焙12分钟。

## 火腿芝士土豆香草面包

参考法国南部著名的香草面包，划入深划痕成形。

划痕裂开，塞满火腿及芝士。

## 土豆芝士面包

未经成形的芝士面包，烘焙后芝士及土豆香味渗入面团中。

## 番茄芝士面包

面团中混入普罗旺斯的混合香草、橄榄及芝士，是带有地中海风味的美味面包。放上小番茄一起烘焙，增添新鲜感。

### 脆香芝士面包

含两种芝士的面团，散发孜然香味。
撒上粉之后涂抹油，烘焙出炸制口感。

### 南瓜芝士面包

包裹足量南瓜甘露
煮和奶油芝士，表面还
撒有脆香的南瓜子。

### 土豆7字面包

内含土豆泥的柔软面包，
包裹浓郁芝士。折弯成"7"
字造型，令人印象深刻。

制作方法→第160页及第161页

## 火腿芝士土豆香草面包

### 配料

土豆迷迭香发酵面包的面团（→第92页）…50g
里脊火腿…（3cm长的块状）
芝士碎…65g

\* 里脊火腿和芝士事先混合。

1 将土豆迷迭香发酵面包的面团压平擀开。将里脊火腿和芝士叠放，将面团稍稍拉伸之后包起。
2 封口朝下放在烤盘内，用刮刀划入4条划痕。从左右方向用手轻轻摊开，将划痕展开。
3 常温条件下，发酵1小时。
4 放入烤箱，以210℃烘焙16分钟。

## 土豆芝士面包

### 配料

手工和面土豆面团面包（→第95页）…70g
芝士碎…一小撮

1 将手工和面土豆面包的面团搓团（→第178页"小面包搓团"）。
2 在烤盘上隔开间隔，分别放上一小撮芝士碎。
3 将步骤1面团放在步骤2芝士上，常温条件下发酵1小时。
4 放入烤箱，以210℃烘焙15分钟。
5 翻面，芝士烤香的面朝上，待其冷却。

## 番茄芝士面包

### 配料

普罗旺斯香草面包的面团…按以下配方取70g
┌ 北方之香…500g
│ 盐…10g
│ ┌ 干酵母…1.3g
│ └ 热水（40℃）…20g
│ （事先溶化干酵母）
│ 液体酵母R…20g
│ 水…520g
│ 绿橄榄（切碎）…90g
│ 切达芝士…90g
│ 格鲁耶尔芝士…90g
└ 普罗旺斯香草\*…4g
小番茄…1个
咖喱粉…适量
橄榄油…适量

\* 含迷迭香、罗勒、百里香、鼠尾草的混合香草。

1 制作普罗旺斯面包的面团。
  ①配料放入盆中，依据"北方之香法式田园风面包"（→第68页）的制作步骤将配料充分混合。和面温度为21～23℃。
  ②打面（方法→第68页"北方之香法式田园风面包"），次数为3次。
  ③常温条件下，发酵6～7小时。
2 将步骤1的面团分割为70g。
3 常温条件下，发酵30分钟。
4 小番茄放在上面，撒上咖喱粉。
5 以上火250℃、下火230℃烘焙15分钟。烘焙完成后，涂抹橄榄油。

## 脆香芝士面包

配料

　　洛代夫面包的面团（→第80页）…500g
　　切达芝士…40g
　　格鲁耶尔芝士…40g
　　水…80g
　　粗粒全麦粉（水车印）…适量
　　橄榄油…适量
　　芝士粉…适量
　　孜然…适量

1　洛代夫面包的面团中加入2种芝士和水，用手揉搓握紧使其均匀混合。
2　常温条件下，发酵6小时。
3　分割成70g，搓团。封口朝下，用刮刀划入4条划痕。
4　常温条件下，发酵15分钟。
5　撒上粗粒全麦粉，从上方涂抹橄榄油。顶部撒上芝士粉及孜然。
6　放入烤箱，以210℃烘焙14分钟。

## 南瓜芝士面包

配料

　　洛代夫面包的面团（→第80页）…50g
　　南瓜甘露煮…30g
　　奶油芝士…15g
　　南瓜子…适量

1　将洛代夫面包的面团擀成长方形。中央重合切成一口大小的南瓜甘露煮及奶油芝士，从内侧重叠面团并封口。
2　封口朝下，轻轻滚动修整形状，撒上南瓜子。
3　常温条件下，发酵30分钟。
4　以上火250℃、下火230℃烘焙15分钟。

## ■南瓜甘露煮

配料

　　南瓜…适量
　　糖汁*…南瓜重量的60%

　　*砂糖同2倍的水混合使其溶化。

1　南瓜切成菱形，刮掉南瓜子。
2　在糖汁中浸泡一晚。
3　连同糖汁一起放入烤箱，以上火250℃、下火230℃加热。

## 土豆7字面包

配料

　　土豆和迷迭香发酵面包的面团
　　　（→第94页）…70g
　　切块芝士…一小撮
　　黑胡椒…适量
　　橄榄油…适量

1　土豆和迷迭香发酵面包的面团擀成长方形，放上足量切块芝士（撒有黑胡椒），内侧和外侧各留下一定空白部分。
2　从内侧盖上面团包裹芝士，不留间隙紧密封口。
3　封口朝下轻轻滚动，并折弯成拐杖形状。
4　常温条件下，发酵1小时。
5　放入烤箱，以210℃烘焙15分钟，烘焙完成后涂抹橄榄油。

成形后，放入-2℃的冰箱中冷冻。

### 香肠腌渍红白菜烤派

　　将用压面机压薄的丹麦面包面团用擀面杖擀薄之后包裹馅料，可品尝到3种味道，口味丰富。黄油飘香的纤细面团包裹馅料（煮肉、香肠），都柔软可口。

### 炖牛肉派

包裹肉酱之后，用叉子在面团四周用力按压使其紧密接合。

### 肉馅派

贝夏梅尔调里脊火腿派

包住馅料之后，不发酵直接烘焙膨胀制成的派。
面皮酥脆，最适合搭配黏稠浓香的贝夏梅尔调味酱。

苹果丹麦面包

火腿番茄芝士丹麦面包

将方形面团的四角折叠圆
润并整形为圆形。采用
面团强度提升的成形
方法，任何馅料都
能使用。可以放上
烤苹果及果酱制作
成点心面包，也可
以放上烩菜成主食
面包。

折入面团使边缘形成厚
度时，用指尖按压使边
缘呈直角。

焦糖果仁奶油酥饼
苹果奶油酥饼

丹麦面包的面团卷入粗
红糖之后切片制成。将面团
擀得很薄，烤至酥脆喷香。

用擀面杖用力擀压，烘焙膨胀之后更酥脆。

制作方法→第164页及第165页

### 香肠腌渍红白菜烤派

配料

丹麦面包的面团（→第123页）
　　边长10cm×厚3.5mm…1片
香肠　切成10cm左右…1根
腌渍红白菜*…50g
芥末粒…适量
黑芝麻…适量
芝士粉…适量

* 将腌渍红白菜切丝，浇上沸水。用盐、橄榄油、大蒜油、白葡萄酒醋调味。

1　用擀面杖将丹麦面包的面团擀成15cm×10cm。
2　在步骤1的面团中央涂抹芥末粒，放上香肠和腌渍红白菜，对半折叠之后封口，撒上黑芝麻、芝士粉。
3　不用最终发酵，烘焙之前在-3℃条件下保存。烘焙时放入烤箱，以210℃烘焙15分钟。

### 炖牛肉派

配料

丹麦面包的面团（→第123页）
　　边长12.5cm×厚3mm…1片
炖牛肉*…63g
贝夏梅尔调味酱（→第152页）…20g
西蓝花块…适量
芝士碎…一小撮

* 洋葱切片炒至糖色。加入切成一口大小的胡萝卜、芹菜、棕色蘑菇、鸡腿肉、牛脸颊肉，继续炒。放入淹没配料的水量，开火煮。加入多蜜酱汁，煮收汁。

1　用擀面杖将丹麦面包的面团擀成边长为16cm的正方形。
2　步骤1面团的中央放上炖牛肉、贝夏梅尔调味酱、西蓝花块，撒上芝士碎。
3　拎起四角在中央对合，将对合位置聚拢压紧。
4　不用最终发酵，烘焙之前在-3℃条件下保存。烘焙时放入烤箱，以210℃烘焙15分钟。

### 肉馅派

配料

丹麦面包的面团（→第123页）
　　边长12.5cm×厚3mm…1片
肉馅酱*…50g
小番茄　1/4等分切开…2个
芝士碎…适量

* 肉馅、切碎的丛生口蘑一起炒。添加蔬菜杂烩混合均匀，并用孜然增添香味。

1　用擀面杖将丹麦面包的面团擀成22cm×16cm。
2　竖直摆放步骤1的面团，内侧一半的中央放上肉馅酱和小番茄，并撒上芝士碎。
3　从外侧盖上面团并对半折叠，用叉子均匀按压封住封口。表面用叉子戳几次，开气孔。
4　不用最终发酵，烘焙之前在-3℃条件下保存。烘焙时放入烤箱，以210℃烘焙18分钟。

### 贝夏梅尔调里脊火腿派

配料

丹麦面包的面团（→第123页）
　　边长12.5cm×厚3mm…1片
里脊火腿…1片
贝夏梅尔调味酱（→第152页）…1大勺
芝士粉…适量

1　在丹麦面团的面团中央放上里脊火腿，涂上贝夏梅尔调味酱。撒上芝士粉，沿对角线对半折叠。
2　不用最终发酵，烘焙之前在-3℃条件下保存。烘焙时放入烤箱，以210℃烘焙18分钟。

### 火腿番茄芝士丹麦面包

配料

丹麦面包的面团（→第123页）
　　边长12.5cm×厚3mm…1片
贝夏梅尔调味酱（→第152页）…1大勺
里脊火腿…1片
小番茄（切半）…2个
百里香…1条
芝士碎、橄榄油…适量

1  隔开一些间隔，将丹麦面包的面团四角朝向中央折叠。用手指按压，使边缘偏厚。
2  常温条件下发酵1小时。
3  将贝夏梅尔调味酱涂抹于面团中央，放上里脊火腿，小番茄放在中央。配上百里香，撒上大量芝士碎。浇上橄榄油，放入烤箱，以210℃烘焙16分钟。

## 苹果丹麦面包

### 配料

丹麦面包的面团（→第123页）
　　边长10cm×厚3.5mm…1片
自制面包粉（→第140页）…1大勺
苹果酱…1大勺
树莓（冷冻）…1粒　　苹果泥*…适量
烤苹果…2块　　　　　糖粉…适量
透明果胶…适量　　　　薄荷…适量

\* 苹果汤汁中添加2海藻粉，煮沸之后过滤制成。

1  隔开一些间隔，将丹麦面包的面团四角朝向中央折叠。用手指按压，使边缘偏厚。
2  常温条件下，发酵2小时。
3  中央重叠放上面包粉及苹果酱。中央放上1粒树莓，再放上2块烤苹果。此时，注意避免苹果碰到面团边缘。放入烤箱，以210℃烘焙13分钟。
4  大致散热之后，在苹果表面涂抹透明果胶，再抹上苹果泥。冷却之后撒上糖粉，配上薄荷。

### ■苹果酱

配料（方便制作的分量）

苹果…16个
砂糖…苹果重量的20%
橙汁…30g

1  苹果削皮，去心。放入食品处理机，打成糊状。
2  加入砂糖，用锅煮至收汁。关火，加入橙汁。

### ■拔丝苹果

配料

烤苹果…适量

将烤苹果放入对流式烤箱，以100℃烤1小时，再以140℃烤45分钟，使其烤出焦糖。

## 苹果奶油酥饼

### 配料（26个用量）

丹麦面包的面团（→第123页）
　　长50cm×宽36cm×厚3mm…1片
粗红糖…适量

焦糖果仁奶油酥饼
切碎的带皮杏仁、腰果、榛子、砂糖…各适量

苹果奶油酥饼
拔丝苹果…2块/1个
切碎的带皮杏仁…适量
粗红糖…适量

1  提前一天准备面团。面团擀长，外侧留3cm之后其余部分撒粗红糖。从内侧开始紧密卷起，不留间隙。外侧剩余部分喷水，粘住卷起的末端。分割成26个单个重量为50g的小面团，切面撒上砂糖，用擀面杖擀薄。
2  焦糖果仁奶油酥饼：在烤盘内铺上烤箱纸，撒上砂糖，隔开间隔分别撒上一把杏仁、腰果、榛子。面团放在上方，压住。
3  苹果奶油酥饼：在烤盘内铺上烤箱纸，将拔丝苹果2块一组间隔摆放。面团盖在苹果上方，放上杏仁之后压住。
4  不用最终发酵，烘焙之前在-3℃条件下保存。烘焙时放入烤箱，以180℃烘焙15分钟之后，放上3个烤盘施加重量，继续烘焙20分钟以上。

### ■烤苹果

配料（方便制作的分量）

苹果…8个
砂糖…120g
无盐黄油…40g

1  苹果去心，切成8等分的菱形。
2  混合砂糖和无盐黄油之后撒在苹果上，以上火250℃、下火230℃烘焙20~24分钟，苹果热透。泡入烘烤时产生的汁水中保存。

## 抹茶苹果面包

将抹茶风味的奶油、烤苹果、干蔓越莓卷入丹麦面包的面团中，制作成小一些的磅蛋糕形状。放入模具中，内软外酥。

配料（10cm×5cm×深4cm的方形模具16个用量）

> 丹麦面包的面团（→第123页）
> 　长50cm×宽36cm×厚3mm…1片
> 抹茶奶油A*1…466g
> 巧克力豆…50g
> 干蔓越莓*2…150g
> 烤苹果（→第165页）…6个
> 抹茶奶油B*3…约120g
> 抹茶奶油*4…约80g
> 装饰用抹茶粉…适量

> *1 将360g奶油杏仁酱、100g卡仕达酱（→第136页）、6g抹茶混合制成。
> *2 干蔓越莓放入水（分量外）浸泡。
> *3 将150g奶油杏仁酱、90g卡仕达酱、7g抹茶混合制成。
> *4 用1750g蛋清和1400g砂糖制作奶油，均匀混合1050g杏仁粉。从中取720g，同7g抹茶混合制成。

1 将丹麦面包的面条横着放在台面上，外侧留3cm，其余部分均匀涂抹抹茶奶油A。内侧横着摆放1排巧克力豆，隔开适当间隔摆放3排蔓越莓。将烤苹果切成一口大小，撒在蔓越莓之间。从内侧开始紧密卷起，不留间隙。外侧剩余部分喷水，粘住卷起的末端。

2 切成90～95g，制作成细长的椭圆形。切面朝上，放入模具。放入冰箱，冷冻一晚。

3 表面抹上薄薄一层抹茶奶油B，上方抹茶奶油。

4 放入烤箱，以180℃烘焙25分钟。大致散热之后，撒上抹茶粉。

## 蒙布朗

时令食材制作而成的水果丹麦面包的面团，口感如同法式点心般口味丰富，好吃不厌。栗子丹麦面包的面团，底部用黑醋栗果酱点缀。

### 配料

丹麦面包的面团（→第123页）
　　边长8cm×3mm…1片
黑醋栗果酱[*1]…2g
奶油杏仁酱…5g
马斯卡彭芝士…5g
栗子奶油[*2]…按以下配方取20g
┌ 栗子泥…100g
└ 马斯卡彭芝士…50g
栗子的甘露煮（成品）…1/4个
切碎的带皮烤杏仁…适量

*1 将300g干黑醋栗、150g砂糖、150g水加热，煮至黏稠。
*2 将栗子泥和马斯卡彭芝士均匀混合制成。

1　将丹麦面包的面团对准中心放入直径6.5cm的圆形模具中，用手指按压使其贴紧模具。

2　以32℃、湿度78%，发酵1.5～2小时。

3　黑醋栗果酱放在底部中央，上方重合奶油杏仁酱，放入烤箱，以205℃烘焙13分钟。

4　大致散热，放上马斯卡彭芝士。用蒙布朗用裱花嘴，将栗子奶油挤在上方。顶部放上栗子甘露煮，周围撒上杏仁。

制作丹麦面包的面团时使用应季水果。果酱、奶油、果冻等辅料也能根据水果种类进行替换。

Chapter 9

基本技艺

1 柜式烤箱

3层设计。高热量实现良好的烘焙弹性，同时受热均匀。

3 发酵箱

2个箱可独立控温，每个箱8层。营业时设定为32℃，夜间设定为18℃。

5 台式压面机

可放在操作台上使用。履带的速度及裁切厚度可手动微调，精度高。

2 对流式烤箱

烤箱分上4层、下6层。密封性好，烘焙出的面包较松软。

4 和面机

通常情况下适合和9kg的面粉，但本店偶尔也会用来和16kg的面粉。

为了尽可能使空间得到有效利用，货架尺寸也是特别定制的。此外，温和的灯光也有利于营造店内氛围。

压面机放置于离烤箱最远的厨房最里面。

# 操作间

## 本店的面包就是从
## 这里制作出来的

　　本店的操作间面积约50平方米，中央设有最多可供6人作业的操作台，四周墙壁周围分别设有烤箱、发酵箱、立式冰箱、货架、配料架、双水槽、台下冰箱等。为了使有限空间得到充分利用，过道宽度调整为60cm，最多只能两个人通行。

柜式烤箱放置于卖场也能清楚看到的位置。

和面机旁边看向厨房及卖场。四个台下冰箱组合而成的大操作台，长3m×宽1.2m。

# 工具

尽可能使用简单的工具，
人工制作面包

本店没有分割机或成形机，因为无论从视觉还是味觉，极其重视手工操作产生的口感。水分多的长时间发酵面团接合性弱、伸展性不强，操作起来不太容易。为了方便处理这种面团，可有效利用有限空间，此处列举一些实用的工具。既能借用工具的力量，又能激发人的创造力，营造出这样一种环境。

**温度计**

判断和面是否完成的重要标准就是面团的状态及温度。面团温度与和面时间成正比，需要综合考虑配料的温度、气温、和面时间等。

**砝码秤**

分割时，习惯用反应快的砝码秤。电子秤显示数字需要时间，基本不选用。

**刮刀、切面刀**

刮刀用于集中面团或清洁帆布，切面刀用于分割。在分割水分多的柔软面团时，适合使用锋利的切面刀。

**帆布**

打褶后可制作隔断，用于摆放成形后的面团。尺寸为100cm×40cm，对应法棍的长度。最终发酵过程中柔软面团较多，所以不易粘面、可保持面团形状的帆布必不可少。

**烤盘**

小型面包或对流式烤箱烘焙时使用的烤盘，尺寸均为60cm×40cm。图片中开孔烤盘用于面团需要充分散热时。

**划痕刀　剪刀**

在面团上划痕时，大多使用划痕刀。但是，含水果、果仁的面团使用带锯齿的刀操作。此外，在小面包上划痕时，通常使用剪刀。

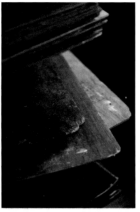

**模板**

同货架配套使用、尺寸与烤盘相同的木板。可以摆放烘焙好的面包，重叠堆放内含发酵面团的盆时，也可作为隔断使用。

**滤网**

用于筛面粉的滤网。例如：扑粉、糖粉、抹茶等，分类准备区分使用。

**法棍转移板**

为防止粘上面团，使用时可套上两层纱布。长度同法棍一样，50cm左右。法棍及海参形状的面包在最终发酵后，使用此板转移到烤盘中。

---

# 模具　不易保持形状的高吸水性面团使用模具轻松制作

本店除了主食面包，点心面包等大多使用模具烘焙。即使在水分多且柔软的面团中包裹许多馅料，放入模具就能轻松烘焙，造型也更加丰富。

**主食面包**

本书第6章介绍的主食面包使用2列6连的定制模具烘焙，尺寸为长边17cm×短边7cm×深5cm。

**圆形模具**

多用于带馅料的点心面包的圆形模具，尺寸为直径6.5cm（底部直径6cm）×深4cm，共5列，每列5个槽，每个模具可烘焙20个。

**小椭圆形模具**

"意大利蔬菜面包"（第150页）使用的椭圆形模具，尺寸为7cm×5cm×3cm。

**贝壳形模具**

主要用于"贝壳面包"（第135页），尺寸为长7cm×宽7cm。

**星形模具**

用于"番茄芝士椰子咖喱面包"（第150页），尺寸为直径10cm×4cm。

**费南雪深模具**

用于"抹茶苹果面包"（第166页），尺寸为10cm×5cm×4cm。

# 打面1 使面团不产生筋道口感，改善烘焙弹性为目的；提升麸质柔软度的"不折叠"打面

1 面团放入托盘中，从边缘开始依次朝着正上方拉扯并松开手，重复此动作。

2 为了使面包更柔软，每次打面时要抓一定量的面团。

3 逐渐转移拉伸位置，均匀打面。

4 打面结束。此时，如感到偏硬，也可补充水分。

图中面团为"19世纪法棍"（第57页）

# 打面2 使面团有弹性、略筋道的打面；用于不产生麸质，入口即化的面团

1 打面时，不将面团拎起，而是从边缘抓住面团一部分，朝向中央折叠。

2 从四个方向，同步骤1一样朝向中央折叠面团，以此重复。

3 接着步骤2，折叠完成的面团末端稍有重叠也没有关系。

4 打面结束。如感到面团过于松弛，可继续拉伸并折叠。

图中面团为"法国面包"（第102页）

# 打面3

有弹性、筋道均为中等程度的打面，
对柔软、无筋道的面团实施保形

1 面团放在台面上，先从内侧开始折叠。

2 再从外侧开始折叠。由于面团柔软，应快速折叠，避免拉伸过度。

3 图为三层折叠完成的面团，从左侧继续折叠。步骤3~4的图示也是三层折叠。

4 接着，从右侧翻折。从四个方向折叠重合面团。

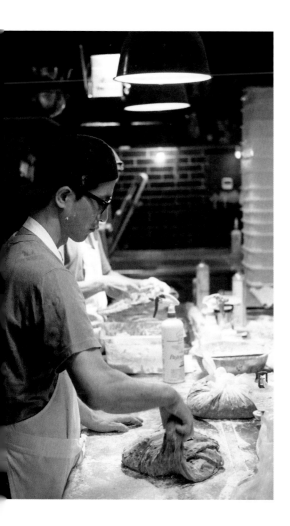

5 从内侧拎起面团，从上侧开始修整面团形状。利用面团本身重量，向外侧挤压。

6 使用刮刀从底部舀起面团，完全拎起。

7 拎起时，手位于中央。面团边缘垂落于底部。

8 打面结束。保持此朝向，进行发酵。

图中面团为"布里欧修面包"（第110页）

# 打面4
## 最大限度提升烘焙弹性及韧性的"最强打面"，改变方向反复拉伸折叠

1 面团放在台面上，拉伸内侧的面团，直至面团松手之后自行缩回。

2 利用面团重量，从内侧折叠。

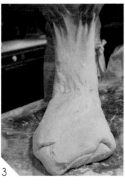

3 转动90度，改变朝向。重复步骤1~2的操作。

4 面团重叠多层，韧性增强。

5 从侧面看折叠结束的状态。之后，封口朝上，转动90度。

6 从外侧向内侧折叠面团，拉伸面团，调整齐。

7 从内侧向外侧压回面团，消除封口的松弛。上下颠倒，转动90度，重复步骤6~7的操作。

8 整齐的面朝上，拎起面团，放入托盘中。

9 打面结束。面团表面光泽、柔滑。

图中面团为"德国面包"（第098页）

# 分割

分割时如何不对面团造成负担?
注重细节, 确保面团柔软

| | | |
|---|---|---|
| 1 | 2 | 3 |

1 发酵后面团的表面打上扑粉。从托盘中取出之后, 打扑粉的面朝下。

2 为了使面团从托盘中顺利剥离, 沿着边缘在面团和托盘之间插入刮刀。

3 倾斜托盘, 用刮刀刮擦底面, 之后尽可能不触碰面团, 等待其摊开在台面上。

| | | | |
|---|---|---|---|
| 4 | 5 | 6 | 7 |

4 如果感觉面团偏软, 将面团折叠为双层或三层, 使其产生弹力。

5 为了尽可能一次分割出所需量, 先切成一定宽度的带状。

6 将步骤5切成带状的面团从切口切开, 分割成所需量。

7 分割后, 麸质的网格不拉伸, 处于能够整齐切开的最佳状态。

| | | |
|---|---|---|
| 8 | 9 | 10 |

8 需要分割成小份的面团, 应在分割前调整面团的厚度。面团放在台面上, 将手轻轻插入面团, 使面团松弛。

9 拎起面团, 利用面团重量将其摊薄, 并修整成正方形。并且, 尽可能减少手触碰面团的次数。

10 如果面团的硬度及厚度正合适, 直接在表面扑粉之后开始分割。如果摊开过度, 可对折。

# 小面包搓团

面包入口即化、柔软的关键步骤
就是"从下方施加力量"

1 从竖直方向对折，左右夹住。

2 折叠两层的面团以封口为中央，自然摊开。

3 食指和中指对准面团中央，用大拇指从内侧向外侧折叠，使表面整齐撑开。

4 折叠的封口自然聚拢，用4根手指轻轻聚拢。

5 进行步骤4的操作时。面团从下方用力转动，而不是从上方。

6 封口聚拢之后，手移动到侧面，小拇指贴着台面拉伸，转动面团。

7 从侧面看到步骤6面团的状态。面团此时整齐聚拢成团。

8 用力压紧封口时，始终使用指尖从侧面或下方用力。

9 直接从下方捞起，放在手中。

10 摆放在托盘之后，呈松弛摊平的柔软程度。

11 内部包裹糖粉、黄油的面包卷等包住馅料折叠三层之后，同步骤3一样搓团。

图中面团为"布里欧修面包"（第110页）

# 主食面包搓团1 整齐、快速的简单搓团方法

1 分割后。搓揉后，切面不外露。

2 双手逐个搓团。拉伸面团的内侧，朝向外侧折叠。

3 用四根手指的指尖轻轻按压对折的封口。

4 仅指尖用力向内侧扯动，封口在底部，面团表面自然拉伸。

5 直接拎起，放在台面上。

6 搓团后的面团。面团柔软，封口也在中间发酵过程中自然接合，不用刻意抓紧捏合。

图中面团为"德国面包"（第98页）

# 主食面包搓团2

各层重叠需要较大体积时的搓团方法，
主食面包、法棍等均可使用

1 图为分割后的法棍面包面团。分量少，有张力。

2 从左右方向折叠面团，折叠三层。

3 从侧面看到步骤2面团的状态。双手对合，夹住面团。

4 从内侧翻起步骤3面团，朝着外侧卷起。

5 不是从面团上方施加力，靠近面团的下方及侧面，卷至最后。

6 卷起结束之后，轻轻向内侧扯动，凭借面团自身重量封口。

7 直接用双手捧起，放在托盘中。

8 搓团后的面团。通过搓团，面团收紧，弹力增加。

# 液体酵母成形

含水果及果仁的Pain Stock分割后即成形，在尽可能不触碰面团的状态下修整形状及表面

1 分割后的面团放在台面上，指尖从内侧边缘插入面团下方，从下方拎起。

2 从内侧边缘拎起之后，轻轻捧着面团折入内侧。

3 用手轻轻转动，收紧封口。

4 帆布边打褶边摆放面团。由于面团柔软，烘焙前会稍稍摊开。

"无花果和麝香葡萄干"（第48页）在面团上方放入无花果，从内侧折叠。

图中面团为"可可脂红巧克力"（第50页）

# 使面包成形时的体态

成形时，接触面团的手不应承受体重的施力。对肩部施加力量，背部挺直站立。成形特别柔软的面团时，通过膝盖控制重心并灵活移动手腕，避免对面团造成破坏。

# 四折海参面包成形

较大面团的简单成形，
尽可能不对面团施力并搓成一团

1 面团分割时，注意切成正方形，方便之后折叠四层。

2 从内侧朝向中央折叠。

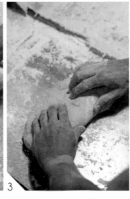

3 将折叠好的边缘轻轻按压贴紧面团。

4 从外侧翻折面团。示意图中为折叠四层，实际根据面团的强度及伸展性，尽可能折叠即可。

5 将指尖插入面团下方，朝向内侧扯动。将面团整齐拉开，封口朝下。

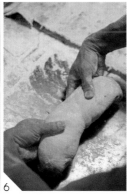

6 双手从下方捧起，放在已打褶的帆布上。

7 图为成形后的面团。烘焙之前，将面团自然松弛。

图中面团为"核桃面包"（第62页）

# 天然低温发酵法棍成形

尽可能不用力，避免将面团压扁，利用面团的重量，拉伸细长

1
图为分割后的面团。不要对面团造成负担，按较少步骤切成可整形为法棍面包坯的长方形。

2
从内侧2/3处，直接对折。

3
撑开表面，封口朝下。

4
完成步骤3操作后的面团，稍加醒面。

5
醒面后，成形。首先，将内侧2/3折入外侧。

6
轻轻按压封口。稍稍拎起，松开面团，同时凭借面团自身重量拉伸边长。

7
从右端开始，以左手的食指为轴，逐渐从外侧向内侧翻折2/3。此时，用右手按压封口。

8
从上方看到步骤7操作的状态。只能按压封口，不要对整体施力。

9
步骤8之后，再次从外侧折入内侧，按步骤7及步骤8的要领，沿着边缘压紧封口。

10
拎起两端，凭借面团重量拉伸。

11
不施力，轻轻转动多次，修整形状。

12
放在帆布上。放上法棍时打褶，打褶宽度对应法棍尺寸。将面团松弛，使面团变得更长。

# 19世纪法棍成形 折叠面团重合各层，充分膨胀成形

1 搓团的封口朝上，放在台面上。轻轻按压摊平，从内侧折入外侧。

2 折好的封口用力按压，使其紧密贴合。

3 从外侧向内侧翻折，三层折叠或四层折叠。

4 翻折时的面团状态。面团的封口处用手指紧紧按压，使其紧密贴合。

5 接着，从外侧朝着内侧翻折。

6 与步骤4相同，用力按压封口，使其紧密贴合。

7 步骤6之前操作结束。

8 双手放在中央，朝向边缘缓缓用力，同时从侧和外侧交替翻动。

9 边缘部分保留大拇指指尖同等大小，并按压滚动成极细状态。

10 放在打好褶的帆布上。为了在烘焙之前保持中央部位膨胀，褶皱可稍高。

# 主食面包成形1

充分用力的"按压搓团"是成功率最高的成形法

1　将搓好的面团放在手上，折叠使面团变得饱满。

2　放在台面上，用手腕从内侧按压面团。

3　轻轻压扁面团，表面稍微拉伸，封口聚拢。

4　按压完成之后，用四根手指的指尖从下方施力。

5　从内侧看到步骤3面团的状态。压紧挤出面团内的空气。

6　图为整形完成的面团。封口朝下，在每个模具中摆放2个。

# 主食面包成形2

模具烘焙面包的常用成形法，用力按压层叠使其均匀膨胀

1 搓团过后面团的封口朝上放好，手掌用力压平。

2 从内侧将40%左右面团折入外侧，用力压平。

3 从外侧翻折剩余部分，用力按压。

4 接着，用指尖压紧封口，紧密贴合。

5 大拇指对齐封口上方，从外侧将面团底面翻折于内侧。

6 从面团上方看到步骤5操作的状态。

7 重合面团两边之后，从边缘用手腕施加全身力量，使其紧密贴合。

8 从上方看到步骤7操作的状态。

9 四根手指压住面团外侧，向内侧扯动，使表面松动。

10 直接用双手捧起面团，封口朝下放入模具中。

图中面团为"法国面包"（第102页）　187

# 主食面包成形3

用麸质弱的面团制作主食面包时，
增加层叠次数，轻轻重叠放入模具

1 面团放在台面上，稍稍拉伸面团内侧，将1/3左右面团折入外侧。

2 可以从外侧翻折于内侧，如感觉面团拉伸不足，可直接向外侧滚动折叠三层。

3 将面团转动90度，竖直放置。

4 手掌用力按压挤出空气，压平。

5 图为步骤4操作后的面团状态。

6 朝向外侧，折入内侧约1/3。

7 从外侧折入内侧，重合两边。

8 用力按压挤出空气，紧密贴合重叠的面团。

9 步骤8操作后的面团状态。

10 从外侧向内侧翻折（对折），手腕用力按压重叠部分。

11 稍稍向内侧扯动，撑开表面，封口朝下。

12 直接用双手捧起，放入模具中。

图中面团为"经典白吐司（葡萄干）"（第84页）

# 折入面团

为了制作均匀整齐的分层，
对齐黄油和面团的边缘并缓慢拉伸

1 观察硬度，同时用擀面杖拉伸面团，厚度标准为15mm。调整形状，同时充分拉伸。

2 将面团转动45度倾向放置，留下放黄油的中央部位，四角进一步擀薄，四角的厚度标准为10mm。

3 较厚的中央部位放上黄油。

4 从四角折入面团，整齐包住黄油。此时，尽可能不重叠面团。

5 使用压面机拉伸面团时，四个方向划入划痕，避免内侧黄油的压力挤破面团。

6 擀面杖对齐面团封口的对角线上压紧，接合黄油和面团。

7 用擀面杖横向按压整面，压紧黄油和面团。

8 将面团放入压面机。刚开始难以拉伸，通过一半之后返回，转动180度继续拉伸剩下的一半。

9 按同样方式多次通过面团，面团拉伸增加之后，调整厚度，逐渐摊薄面团，达到8mm厚度。

10 尽可能对齐边缘，折叠三层。

11 面团转动90度，用擀面杖轻轻敲打侧面，使折叠重合的面团边缘对齐。

12 三层折叠第1次完成的面团状态。冷冻几十分钟，进行第2次及第3次折叠。每次折叠前，都将面团转动90度。

图中面团为"丹麦面包"（第123页）

# 酵母的配方

### 葡萄干酵种

配料（方便制作的分量）

> 绿葡萄干…400g
> 热水（40℃）…1500g
> 葡萄干酵种…40g

1　将绿葡萄干装入瓶中，加入热水和葡萄干酵种，常温条件下发酵18小时。
2　葡萄干浮在酵母液表面，泛白浑浊之后尝味道。直接感受到甜味时，说明发酵不充分。在产生红酒风味及轻微碳酸之后，发酵完成。放入冰箱，冷藏保存。

### 啤酒花酵种

配料（方便制作的分量）

> 啤酒花液*…50g　　米曲…7g
> 砂糖…7g　　　　　土豆…150g
> 苹果（捣碎）…15g　热水（40℃）…640g
> 啤酒花酵种…160g

> \* 将8g干啤酒花和150g水混合之后煮沸，再用厨房纸过滤制成。

1　土豆煮过之后过滤，并称量。
2　将步骤1土豆和其他配料装入瓶中，常温条件下发酵18小时。
3　尝味道。产生啤酒的苦味、酸味之后，发酵完成。放入冰箱，冷藏保存。

### 天然酵种

配料（方便制作的分量）

> 黑面粉…100g
> 温水（40℃）…100g
> 天然酵种…200g

1　天然酵种中添加黑麦粉和温水，均匀搅拌混合。
2　放在烤箱旁边等温暖环境下，发酵几小时。
3　面团纯度增加，无粉粒口感，无涩味的清爽酸味产生之后，发酵完成。放入冰箱，冷藏保存。

1　所有配料装入瓶中密封，促使酒精发酵。
2　常温条件下，发酵几小时。发酵过程中需经常打开盖子，交换空气。

1　啤酒花和水煮沸，制作啤酒花液。
2　用纸过滤，仅使用液体。
3　混合配料之后装入瓶中，使其发酵。

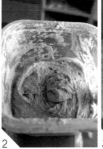

1　混合配料，充分搅拌混合。
2　放在烤箱旁等温暖环境下发酵。
3　本店的天然酵种倒在台面上就会呈自然摊开的状态。

> \* 分量仅为参考。酵种状态不好时，减少天然酵母的比例，增加黑麦粉和热水的比例，使其恢复。此外，如果想要延迟发酵，可减少水分等，根据状况进行调整。
> \* 天然酵种减少水分可提升保存性。由于是缓慢发酵，质感较纯。如果水气增加，则酵母活性化，发酵也会提前，但口感偏差。所以，应根据当天酵母的状态及所需面团的状态，改变添加面粉及水的比例。

# 液体酵母的配方

葡萄干酵种制作的天然酵母
（天然酵母R）

配料（方便制作的分量）

北方之香…1000g
水…1500g
葡萄干酵种…40g

1 配料放入盆中，充分混合。
2 常温条件下，发酵几小时。
3 产生小气泡，尝味道如有水果风味，则发酵完成。第二天使用之前，放入冰箱冷藏保存。

潘妮朵尼酵种制作的液体酵母
（液体酵母P）

配料（方便制作的分量）

水车印…500g
水…500g
葡萄干酵种P*…100g

\* 这种液体酵母最开始使用成品的潘妮朵尼酵种（东洋酵母）制作而成。之后，续原种，未使用潘妮朵尼酵种，但如今店内仍然称之为"潘妮朵尼酵种"。

1 配料放入盆中，充分混合。
2 常温条件下，发酵几小时。
3 产生小气泡，尝味道如有较明显酸味，则发酵完成。第二天使用之前，放入冰箱冷藏保存。

1 石臼研磨小麦粉和水基本为等量。但是，如水分较多，则发酵快。水分较少，则发酵迟。所以，可根据每天的操作状况，进行调整。

2 图为配料混合完成的状态。发酵后粉状消失，面团也变得黏稠、润滑。

# 淀粉的配方

## 汤糊

配料（方便制作的分量）

水车印…300g
温水（40℃）…1500g

1 配料放入铜锅中开小火，边搅拌边加热。

2 温度达到65℃，变得黏稠之后即完成。放入冰箱，冷藏保存。

\* 保持在65℃左右，维持酵种的活性。

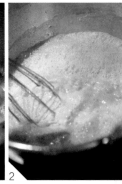

1 如使用温热水，可缩短加热时间。

2 同"麻薯"的制作要领相同，始终搅拌混合，使其均匀加热。

3 成品浓度如图所示，滴落时流畅，但无水汽，黏稠润滑。

## 米糊

配料（方便制作的分量）

米粉…400g
热水（40℃）…2400g

1 米粉和热水放入铜锅中开大火，边搅拌边加热。

2 温度达到65℃，变得黏稠之后即完成。放入冰箱，冷藏保存。

1 使用高直链淀粉且黏性低的米粉。

2 比汤糊更重，需要用力从底部搅拌混合。

3 成品浓度如图所示，使用打发器舀起时，凝固落下的程度。

## 汤种

配料（方便制作的分量）

小麦粉*···100g
热水（100℃）···200g

* 根据面包不同，小麦粉的种类有所
  变化，应参考各种面包的配料表。

1 小麦粉放入盆中，一次性加入热
  水，用塑料勺搅拌。
2 水气散尽之后即完成。放入冰
  箱，冷藏保存。

1 将热水一次性加入小
  麦粉中。

2 趁热搅拌，使淀粉
  糊化。

3 同红豆馅一样厚重的
  泥状。

## 土豆泥

配料（方便制作的分量）

土豆*···适量
水*···适量

* 根据面团不同，土豆和水的用量有
  所变化。详细内容见"土豆和迷迭
  香的发酵面包"（第92页）及"手工
  和面土豆面包"（第95页）。

1 土豆带皮煮，充分加热使内部
  熟透。
2 剥皮，放入盆中捣碎。
3 观察土豆的状态，补充适量的水。

## 葛粉糊

配料（方便制作的分量）

葛粉···30g
水···300g

1 葛粉和水倒入锅中，开中火。
2 温度达到65℃，煮至黏稠即完成。放入冰箱，冷藏保存。和面之前过滤，加入面团中。

2019年8月开张的新店"Stock"，图
为在从操作间所拍摄的外面的风景。
每天一如既往，天还未亮就开始制作
面包。当窗外阳光渐渐洒落进来，新
的一天也就又开始了。

## 面包，我肯定想继续做下去
## 将来，还会有更多新的挑战

2019年夏天，第二家店"Stock"开张了。这家店位于福冈随一商业区天神一角的天神中央公园，树木环绕，是市中心的难得地段。

开新店的最大目的就是挑战自我。一直以来，箱崎的"Pain Stock"经营状况都非常不错。但是，正因为生意好，也就意味着十几年一直都没有太多压力，对环境变化不再敏感。十年之前，我们每天都勇于挑战。现在，感觉变得保守，惰性让我们每天重复

同样的事情。

人如果处于安逸、舒适的环境下，就容易放弃努力和挑战自我，也不会考虑太多。还会变得懒惰、不思进取。

当然，是不是害怕失去发展至今艰难实现的成果？其实，对我来说，"制作更美味的面包""世上总有更多自己能做的事"等渴望才是生存的动力。如果失去这些，我将失去意义，甚至动力。

左上/操作间的布局参考箱崎店。操作过程中我站在一角，看着卖场的状态。左/多年梦寐以求的烤箱终于购入。右/保持一定温度进行加热，可使酵母、汤糊保持稳定的设备也是刚开始用没多久。上图为员工正在摆放新出炉的面包等。

所以，我想挑战一下自己。既然是新店，就得从零做起。挑战自身的能力，或许就会发现自己具备的潜力。

店内的装修及厨房设备，这些都是今后发展的基础。每天在黑暗中摸索，也得到许多人的帮助。有苦涩，也有欢乐，我们会努力做好新店的。

本店的操作间有个很大的玻璃窗，白天光线充足。我们也能边看着公园里的景色边工作，也会有人透过窗户看着忙碌工作的我们。

牛奶混合

白Stock

入口即化的口感，香甜可口。
全部都是最新设计的主食面包，赏心悦目。

最后，想要介绍一下新店制作的面包。"白Stock"及"牛奶混合"这两种面包使用同一种面团，但成形方法不同。

制作面团时，首先要有将面包做成带"牛奶风味的柔软面包"的意识。为了呈现食材口感，尽可能减少麸质。因此，尝试过添加汤种，抑制麸质的形成。但是，如果想要完美呈现牛奶的柔和口感，就需要将面包的口感做的膨松软糯，而不是带有浓浓的香味。入口即化、柔软就是理想状态。为了软化麸质，也尝试过通过使用啤酒花酵种降低酸碱度。但是，总感觉酵母的酸味、苦味会影响到牛奶风味。因此，让我想到的就是蛋白。蛋黄不加，就不会有所谓的"蛋味"。蛋白不改变口味，还能使口感松软，麸质弱化。

但是，为了增添香味，和面最后用牛奶代替水，使牛奶风味在烘焙过程中就散发出。此外，刚开始还控制甜度。但是，稍有甜味会使牛奶风味得到凸显，从而使用粗红糖、蜂蜜、炼乳等带有浓浓甜味的食材。

牛奶风味明显，入口即化的口感，这样的面包坯的形状难以保持。但是，白Stock等直接烘焙就能保持形状是由于蛋白作为骨架。此外，牛奶混合使用定制的浅主食面包模具。侧面呈波浪形，面包皮强度提升，弱面团也能成形主食面包。

看似不起眼的简单白面包，但配方中沉淀着我们长久以来积累的知识及技术。

## 配料（下料12kg）

梦结···6000g
春恋·春光拼配···6000g
盐···180g
粗红糖···600g
干酵母···3.2g
汤种
┌ 梦结···360g
└ 热水（100℃）···720g
蜂蜜···960g
炼乳···240g
无盐黄油···2160g
牛奶···3000g
蛋白···1200g
水···4440g
补充牛奶···3250g

成品面团量=29113.2g

## Process

### 和面 Mixing

补充牛奶以外的配料↓→L6·ML9→补
充牛奶↓↓↓↓↓→L3→整体均匀之后
ML2~3
和面完成温度 19~20℃

### 中间发酵 Rest

常温 1小时

### 打面 Stretch & Fold

打面3（→第175页）

### 发酵 Bulk Fermentation

18℃ 湿度70% 一晚

### 分割 Dividing

白Stock 350g
牛奶混合 700g

### 预成形 Preshaping

牛奶混合 主食面包搓团2（→第181页）

### 成形 Shaping

白Stock 菊花成形
牛奶混合 主食面包成形3（→第188页）

### 最终发酵 Final Rise

白Stock 常温 1小时
牛奶混合 常温 2小时

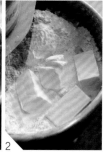

补充牛奶以外的配料放入和面盆中，开始和面（1、2）。刚混合的面团略干涩（3）。

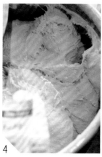

产生麸质之后，分4~5次补充牛奶（4）。松开的面团（5）重新接合之后，补充牛奶。整天混合均匀之后提升转速，在即将过度和面之前结束和面。和面之后的面团柔软，易拉伸（6）。

放入托盘中，面团黏稠后摊开（7）。发酵前，进行适合柔软面团的打面（8~9，详细内容见175页）。整齐面朝上，开始发酵（10）。

### 划痕 Slashing

白Stock 十字 ⊕

### 烘焙 Baking

白Stock 220℃ 25~30分钟
牛奶混合 220℃ 35~40分钟

发酵后的面团膨胀约
2倍左右（11）。放
在台面上，尽可能不
要触碰面团（12）。

分割时切成规定的量，立即
成形。

鲊质减少至
极限，强调
食材自身口
感的面包

白Stock按"菊花成形"的要领进行整形。
首先，从外侧向内侧折叠（14），右侧错
开约1/4，折入内侧之后转动90度，重复
两次（15~17）。封口朝下，摆放于帆
布上（18）。最终发酵后，面团膨胀约
1.3倍（19）。划痕时，使用小刀在表面
均匀划入深痕（20）。

牛奶混合采用适合柔软面团的预成形及
成形方法，放入模具（21）。面团在最
终发酵（发酵前22、发酵后23）和烘
焙（24）时分别膨胀1.2倍。

地道、认真、专业

001. 栗子和3种果仁的白巧克力面包 002. 林戈 003. 熊本栗子和丹波黑豆面包 004. 木鱼 005. 古堡 006. 红茶苹果面包 007. 柿子黄油三明治 008. 原木香菇（秋子）和无农药蔬菜三明治 009. 石莼和牡蛎面包 010. 无农药蔬菜和秋季水果三明治 011. 芝士！芝士！芝士！ 012. 栗子面包 013. 罗勒芝士番茄面包 014. 樱花虾芝士面包 015. 爱国红面包 016. 黑麦巧克力面包 017. 无花果核桃面包 018. 石莼的佛卡夏面包 019. 樱花虾的佛卡夏面包 020. 乳化橄榄油意大利比萨面包 021. 香辛意大利比萨面包 022. 香草意大利比萨面包 023. 原木香菇和无农药蔬菜和石莼的佛卡夏三明治 024. 咖喱香草面包 025. 无花果黄油三明治 026. 土豆皇冠面包 027. 巴基斯坦风咖喱面包 028. 香蕉奶油酥饼 029. 柿子和无花果三明治 030. 梨子芝士派 031. 遗落梦境 032. 柿子布里欧修蛋挞 033. 多汁豆腐渣和自制羊栖菜面包 034. 特浓咖啡奶油面包 035. 法式玉米面包 036. 山间小屋风生姜猪肉三明治 037. 古堡升级版 038. 芋头栗子南瓜黑麦面包 039. 格鲁耶尔芝士面包 040. 红薯面包 041. 豆蔻香奶油面包 042. 亚马逊可可白巧克力曲奇 043. 煎茶栗子伦布朗 044. 奶油芝士白巧克力面包 045. 奶油芝士白巧克力肉桂糖面包 046. 抹茶黑豆布里欧修面包 047. 生姜苹果甜心面包 048. 牛奶蛋糊香蕉面包 049. 军装布里欧修面包 050. 南瓜蒙布朗 051. 日本面包 052. 干柿子金橘奶油芝士面包 053. 明太子芝士面包 054. 明太子土豆培根面包 055. 黑醋栗奶油芝士面包 056. 树莓奶油芝士面包 057. 巧克力香蕉面包 058. 红豆馅甜甜圈 059. 豆蔻葡萄干主食面包 060. 黑桃葡萄干肉桂黄油面包 061. 树莓西梅肉蔻黄油面包 062. 洋葱葵花籽芝士黑麦面包 063. 东先生法式田园风面包 064. 巧克力柿子布里欧修面包 065. 天茶面包 066. 儿童伦布朗 067. 葱香菠菜烤茄子三明治 068. 甜味面包 069. 金桔红面包 070. 培根香草虾面包 071. 天然发酵黑麦法棍 072. 日式芝士条 073. 柿子豆沙布里欧修面包 074. 超辣麻婆茄子面包 075. 海带竹轮炸面包 076. 葡萄干芝士面包 077. 卡其 078. 甜点三明治 079. 热奶油蜜瓜面包 080. 黑面包 081. 绿绿绿 082. 柠檬巧克力奶油面包 083. 黑麦75 084. 咖啡杏仁面包 085. 柚子奶油杏仁面包 086. 杏仁风奶油面包 087. 鸡蛋百吉饼 088. 盐奶黄油三明治 089. 生姜芝士面包 090. 山药香草面包 091. 热树莓面包 092. 牛肉汁蛋挞 093. 樱花虾茼蒿佛卡恰 094. 哦！鹤美 095. 熟肉酱三明治 096. 蜜瓜派 097. 名气饼 098. 东先生的天然发酵小麦大麦法棍 099. 经典荞麦法棍 100. 软糯百吉圈

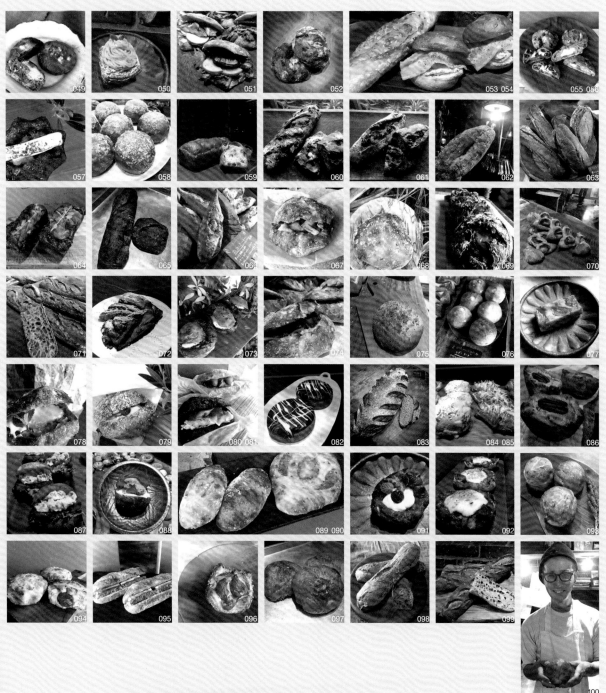

店内员工创意新商品并形成商品化的"100种挑战"活动在店内及网上广受好评。
活动从2019年11月14日开始，同年12月5日时最终完成100种面包。

# 结束语

最后，感谢阅读本书。

这本书是我在Pain Stock工作十余年的经验精髓。

我只会做面包，但我仍然想继续做一辈子。

我认为，人生做成一件事就是圆满。

但是，为了拓宽我的视野，还有很多需要学习。

在思考发酵原理时，需要了解能促进发酵的微生物及酶等，还要知道农作物的特点，甚至环境及自然条件也要考虑。

虽然只是做面包，也同世界紧密相关。

一起工作的同事们今后或许也会在日本各地制作自己想要的面包。喜欢面包的朋友越来越多，世间或许能够多些美好，这也是我继续经营Pain Stock的意义。

2020年4月

平山哲生

［日］平山哲生

　　1975年出生于日本福冈县。福冈大学法学部毕业后，在当地的面包店"NAGATA面包"工作4年。2002年来到法国"Le Grenier A Pain"（巴黎）实习4个月左右。同年回到东京，在几家面包店一共工作过4年左右。2006年回到日本，又在"NAGATA面包"工作了4年。2010年7月，"Pain Stock"开张。

图书在版编目（CIP）数据

天然低温发酵面包 /（日）平山哲生著；张艳辉译
. —北京：中国轻工业出版社，2023.7
ISBN 978-7-5184-4247-8

Ⅰ.①天… Ⅱ.①平…②张… Ⅲ.①面包—制作
Ⅳ.①TS213.21

中国国家版本馆CIP数据核字（2023）第019518号

责任编辑：卢　晶　　责任终审：高惠京　　封面设计：董　雪
版式设计：锋尚设计　　责任校对：宋绿叶　　责任监印：张京华

出版发行：中国轻工业出版社（北京东长安街6号，邮编：100740）
印　　刷：北京博海升彩色印刷有限公司
经　　销：各地新华书店
版　　次：2023年7月第1版第1次印刷
开　　本：787×1092　1/16　印张：13
字　　数：250千字
书　　号：ISBN 978-7-5184-4247-8　定价：88.00元
邮购电话：010-65241695
发行电话：010-85119835　传真：85113293
网　　址：http://www.chlip.com.cn
Email：club@chlip.com.cn
如发现图书残缺请与我社邮购联系调换
200501S1X101ZYW